JN108026

シリアルの歴史

BREAKFAST CEREAL: A GLOBAL HISTORY

KATHRYN CORNELL DOLAN
キャスリン・コーネル・ドラン【著】
大山 晶【訳】

原書房

目次

［……］は翻訳者による注記である。

序章

始まりはちょっとした疑問だった。私たちが子どものときから喜んで食べてきた朝食シリアル、つまりグラノーラやチェリオスといったシリアルはどうやって生まれたのだろうか。この問題について調べ始めたところ、朝食シリアル（温かいポリッジ、ならびに冷たいインスタントシリアル）が昔から世界のいたるところで食べられてきたことがわかった。ポリッジの歴史がまさに古代にまでさかのぼれるのに対し、冷たい朝食シリアルがアメリカで開発されたのはもっと最近になってのことで、これは瞬く間に世界中に広がった。19世紀に考案された朝食シリアルには、21世紀の食料品店やスーパーマーケットの棚に並ぶシリアルとはかけ離れた部分もあるが、両者は歴史のなかで深く結びついている。

1万年程前、世界のいくつかの地域で小麦、米、トウモロコシといった穀物を中心にした

いつもどこかで朝食の時間。1935年、カラーリトグラフ。

農業が始まった際に、シリアルの物語も始まった。陶製の鍋が発明されると火を使った調理が可能になり、穀物を食べるのがずっと容易になった。収穫後に安全に貯蔵できる穀物は、世界の多くの文化に大きな影響を与え続けることになる。こういった穀物から作られるポリッジには、古代からそれらを調理してきた地域や人々と同じくらい長い歴史がある。

19世紀後半、アメリカでは企業家や食生活改革論者（その多くは宗教団体とつながりがあった）が新たなタイプのシリアルを作り出した。冷たい朝食シリアルだ。業界の黎明期、ケロッグ・コーンフレーク、ポスト・グレープナッツ（小麦ブランのシリアルを砕いて小さな塊にしたもの）、クエーカーオーツといった現在おなじみのシリアルを開発した食生活改革論者は、ほとんどがアメリカ中西部のいくつかの小都市に集中していた。以来、食品科学者たちはオリジナルレシピの改良に尽力し、新たな風味の組み合わせを開発してきた。なかでも注目すべきは、砂糖を添加したことだ。また、穀物を「ふくらませる」機械が開発されると、新たな形やサイズの朝食シリアルが作られるようになった。すでに便利な食品として認知されていたコールドシリアルは、20世紀初頭に発見されたビタミンの添加によって、消費者にさらなる健康的なイメージを与えた。

興味深いことに、冷たい朝食シリアルが開発されたちょうど同じ頃、世界の食事はアメリカの流儀をまねる傾向にあり、この動きは20世紀後半にさらに勢いを増した。レイチェル・

ウィリアム・ヘムズリー『ポリッジ』。1893年、油彩、カンヴァス。

ブルーベリーと
ミントの葉を添えた
シリアル。

ローダンは次のように述べている。「アメリカ人は食事でパン、牛肉、油脂、砂糖に加え、牛乳、野菜、果物を取るようになった。朝食に温かいシリアルや冷たいシリアル、昼食にスープとサンドイッチ、夕食に肉と2種類の野菜を取るのが基本になった[1]」。一般にアメリカの食事、そしてとくに朝食シリアルは、その後ずっと世界の食の流行に影響を与えてきた。

このように食文化や伝統にシリアルが与えた影響は、一例を挙げると、イタリアにおける朝食の変化（インスタントシリアルも含む）に見て取れる。この国は料理そのものはもちろん、１９８０年代にスローフード運動［１９８６年に始まった、伝統的な食文化や食材を見直す運動］を始めた国と

ヘリット・ドウ『ポリッジを食べる女』。1632〜7年頃、油彩、パネル。

しても有名だが、20世紀にアメリカ式の朝食シリアルをよく食べるようになった。もともとイタリア人は、他の多くの国の人々と同じく、日中、ちゃんとした食事を取るのは2回だけだ。実際、ローマ時代には、住民の大多数は可能なら肉などを加えて風味づけした小麦のポリッジを毎食食べていた。しかし最終的に、「朝食（コラツィオーネ）」と呼ばれる食事が定着した（イタリア語のコラツィオーネはラテン語のコッラティオネスに由来し、「寄せ集め」や「収集物」を意味するので、この食事は入手できる食材の寄せ集めということになる）。産業革命以前のイタリアでは、中産階級や労働階級の多くは、コラツィオーネとしてポリッジやポレンタを食べていた。これは1日の最初の食事だが、現代のヨーロッパ人が考える朝食とは少々異なる。実際、ポレンタはイタリア料理の代名詞とも言うべきもので、アメリカ南部で食べられるグリッツ同様、トウモロコシから作るポリッジの代表格だ。20世紀には、イタリア人はコーヒー、牛乳、ペストリー、冷たい朝食シリアルといった「典型的な」朝食を食べるようになっていた。イタリアは、伝統的な食事に冷たい朝食シリアルを導入し、ポリッジその他の昔ながらの栄養食にある程度置き換えた顕著な例だ。[2]

朝食シリアルメーカーは、創業以来積極的に自社製品を宣伝してきた。１９００年代に朝食シリアル革命を起こしたいくつかのメーカーは、２０２０年代になっても変わらず優勢だ。当初、シリアルの箱は文字だけで装飾されていたが、のちに絵も加わるようになった。

朝食シリアルの原点とも言うべきグラノーラの現代版。

次に、割引クーポンやレシピ冊子が、そして最後には、おまけのゲームやおもちゃがシリアルの箱に入れられるようになった。広告は年を重ねるごとに変化し、印刷物からラジオやテレビやインターネットでの宣伝に移行した。また、さまざまなイベントや番組のスポンサーになったり、誰にでもすぐわかるマスコットが考案されたりしたことで、シリアルの宣伝に関心や郷愁が抱かれやすくなった。

広告による感情への訴えは、他の文化領域にも及んでいる。朝食シリアルが広く利用されていることを考えると、芸術や文化によく登場するのもさほど不思議ではない。ポリッジやコールドシリアルは、世界中で物語や歌や祭りや視覚芸術に取り上げられている。文化全般にここまで朝食シリアルが登場するのは、それが人間の生活に大きな役割を果たしていることの表れだろう。

シリアルが文化に与えた影響と科学的な革新による進化は、21世紀になっても継続し、企業と消費者は朝食シリアルの未来に想像を巡らせている。しかし、インスタントシリアルがどれほど影響力を増したとしても、ポリッジが世界的なレベルですぐに取って代わられることはないだろう。ポリッジは人間の文明そのものとあまりにも深く結びついているからだ。農業が始まった当初から、人間は夜間の絶食を、私たちが現在「朝食」と呼ぶさまざまな食べもので解消してきた。おそらく、朝食シリアルのなかでもっとも加工されていないポリッジは、朝食メニューとして今でも世界中で人気がある。朝食シリアルの歴史を調べると、結局のところ、私たちがオーソドックスなものに回帰していることがわかる。伝統的なポリッジもそうだし、コーンフレークやグレープナッツ、チェリオス、クエーカーオーツ、ウィートビックスといったおなじみのコールドシリアルのブランドも同様だ。簡単で健康的で比較的安価で安心感のある朝食シリアルは、つねに成功を収めている。ポリッジであれインスタントであれ、朝食シリアルは世界で愛されている食品なのだ。

第1章◉世界のポリッジ　温かい朝食シリアル

あつあつの豆のポリッジ
冷たい豆のポリッジ
鍋に入った7日前のポリッジ

――マザーグースより

　ポリッジは、明らかに世界でもっとも一般的な朝食シリアルで、人類の文明そのものと同じくらい長い歴史を持つ。19世紀に冷たい朝食シリアルが考案される以前は、シリアルはほとんどすべてがポリッジで、今もなお、ほぼすべての文化圏に、トウモロコシ、小麦や米といった穀物をベースにした象徴的なポリッジがある。オックスフォード英語辞典によると、ポリッジはもともとは穀物と肉や野菜で作った「どろっとしたスープ」だった。このようなポリッジは、朝食が独立した食事として標準化されるまで、人類の歴史の大半で食べられていた。もっとも、その後、定義は次のように変わっている。「砕いたオーツ麦、オートミール、あるいは別の挽き割り穀物を水や牛乳でゆでた料理で、しばしば朝食に出される」。こちらのほうが現在の用法に近い。朝食シリアルとしてのポリッジは、一般的に水や牛乳で調理した穀物で、好みで果物、ナッツ、スパイスが加えられる。また、風味のよいスパイスや肉や魚を混ぜて食べることもある。このより進化したポリッジとともに、文明は発達していくことができた。

欽定訳聖書によれば、ヤコブとエサウの物語で、兄のエサウは「パンとレンズ豆のポタージュ」と引き換えに、生まれながらに持つ長子の権利を売り渡す。「ポタージュ」は最古のポリッジのひとつを指す言葉で、約8000年前に陶器の調理器具、つまり鍋が発明されたおかげで作れるようになった。陶器の鍋によって穀類や豆類をシチューのように水で煮込めるようになり、この料理はポタージュと呼ばれるようになった。このタイプのポリッジは画期的だった。未調理の穀類や豆類よりも柔らかく歯にもやさしい食事を、1日のどの時間帯にも食べられるようになったからだ。ゆえにこの場面でエサウが食べたのは、どろっとしたスープ様の、風味豊かなポリッジなのだと言えよう。

同様に中世ヨーロッパでは、穀類ではなく豆類で作ったポタージュのような料理、豆ポリッジが、昔からの童謡「豆のポリッジ」で親しまれているように、ほっとする食事のひとつだった。実際、近代の象徴とも言うべきシェークスピアは、『テンペスト』の台詞に現在のようなポリッジを登場させて、「彼に得られるのは、せいぜいが冷たいポリッジのような慰め」(第2幕第1場)とジョークのねたにしている。

ポリッジは調理が簡単で、栄養たっぷりで、安価で、ほぼいいことずくめの食べものだ。主材料となる小麦、オーツ麦、トウモロコシ、米、大麦、ライ麦といった穀物は、人間が摂取する総カロリーの約3分の2を占めている。[1] つまりポリッジは、私たちが今では「朝食」と呼ぶ、1日の最初の食事の伝統的な要素であり、とくに西洋では、人類の食事の重要な位置を占めているのだ。

しかし、朝食が独立した食事となったのは比較的最近のことであって、冷蔵や食品保存といった技術の進歩に大いに関係している。起床後すぐに取る食品は、ひと晩置いても安全なものでなければならなかったからだ。歴史家アンドリュー・ドルビーが述べているように、新石器革命以前は、人々は朝食を取っていなかった。食品の保存法が発見される以前は、人々は食物を手に入れたら比較的すぐに食べなければならなかったので、理屈から言って朝一番に食べるわけにはいかない。むしろ、メインとなるのは昼間の食事だった。オックスフォード英語大辞典によれば、これが「ディナー」と呼ばれるようになった。この食事は人間の初期の文明を通じて、1日のもっとも重要な食事であった可能性が高く、現在も一部の文化で

ヤン・ヴィクタース『エサウとポタージュ』。1653年、油彩、カンヴァス。

はそうなっている。[2]

「朝食（*breakfast*）」、つまり「断食を終了する（*breaking one's fast*）」という語の語源は、もともとラテン語のディスイエイウナーレ（*disieiunare*）、つまり「断食をしない」という言葉から来ている。この語がフランス語のディデジュネ（*disdéjeuner*）になり、さらに短くなってデジュネ（*déjeuner*）、そして最終的にプティ・デジュネ（*petit déjeuner*）になった。ラテン語から派生した別の言葉では、11世紀にフランス語のディネ（*disner*）が英語の「ディナー（*dinner*）」になった。ヘザー・アーント・アンダーソンによると、「*breakfast*」という語は、15世紀まで文語英語には入っていなかったという。この語が使われるようになるのが比較的遅かったのは、「人々が朝食を取らなかったか（文書記録が驚くほど少ないのはそのためだ）、あるいはもっと重要な昼食や夜の祝宴の文献にまぎれて朝食が目立たなくなっているかのどちらかだ」としている。[3] このように、朝食は人間社会においては比較的発展が遅かった。しかし昼食には肉や野菜の入ったシリアル、つまりポリッジが食べられることもあった。ポリッジは実に昔から存在していたのだ。

古代から3つの穀物、つまり小麦、米、トウモロコシがポリッジの基本的な材料だった。少なくとも1万年前、中東の肥沃な三日月地帯で、人々は大麦、古代の小麦であるヒトツブコムギとフタツブコムギなど、8種類の穀物を栽培し始めた。初期の農民は、これらの穀物のなかから人間が使いやすい特徴を持つもの、つまり実が詰まっていて大きなものを選んだ。農業の進歩により、約８０００年前には、フタツブコムギと初期のゴートグラスのハイブリッドの可能性が高いパンコムギが誕生した。これが一般的な小麦になった。小麦のもっとも重要な要素のひとつは、保存の容易さだった。収獲した小麦は長期間比較的簡単に保存することができたのだ。これにより人々は、腐ることを恐れてすぐに食べものを消費する必要がなくなった。挽いた小麦はすぐに悪くなるが、種子の形で貯蔵し必要に応じて挽くなら、穀物はずっと長く貯蔵でき、安全に食べものを補完できる。小麦の栽培は人間社会の移動とともに中東から地中海地域に広がり、とくに小麦や亜麻の収獲の様子はエジプトの墓所にも装飾として描かれている。その後、小麦の栽培はヨーロッパ、北アジアへと広がった。もっとも、ヨーロッパで栽培が定着したのは19世紀になってからのことである。現在、小麦はトウモロコシに次いで、世界で2番目に多く栽培されている穀物だ[4]。

一方、米は中国の揚子江周辺で1万年以上前に栽培が始まった。その後、東南アジアを経て、３０００年ほど前にアフリカに伝わり、現在に至っている。現在、栽培米は世界の人口の半分以上、とくにアジア地域の人々が主食にしている。米の栽培は中国とインドからアジアに広がり、日本、韓国、フィリピン、インドネシア、スリランカなどに伝わった。米は労働集約的で、栽培には大量の水を要する。そのことが小規模な農業に適合した。

チャールズ・K・ウィルキンソン『イアルの畑のセネジェムとイネフェルティ』。1922年、紙にテンペラ。

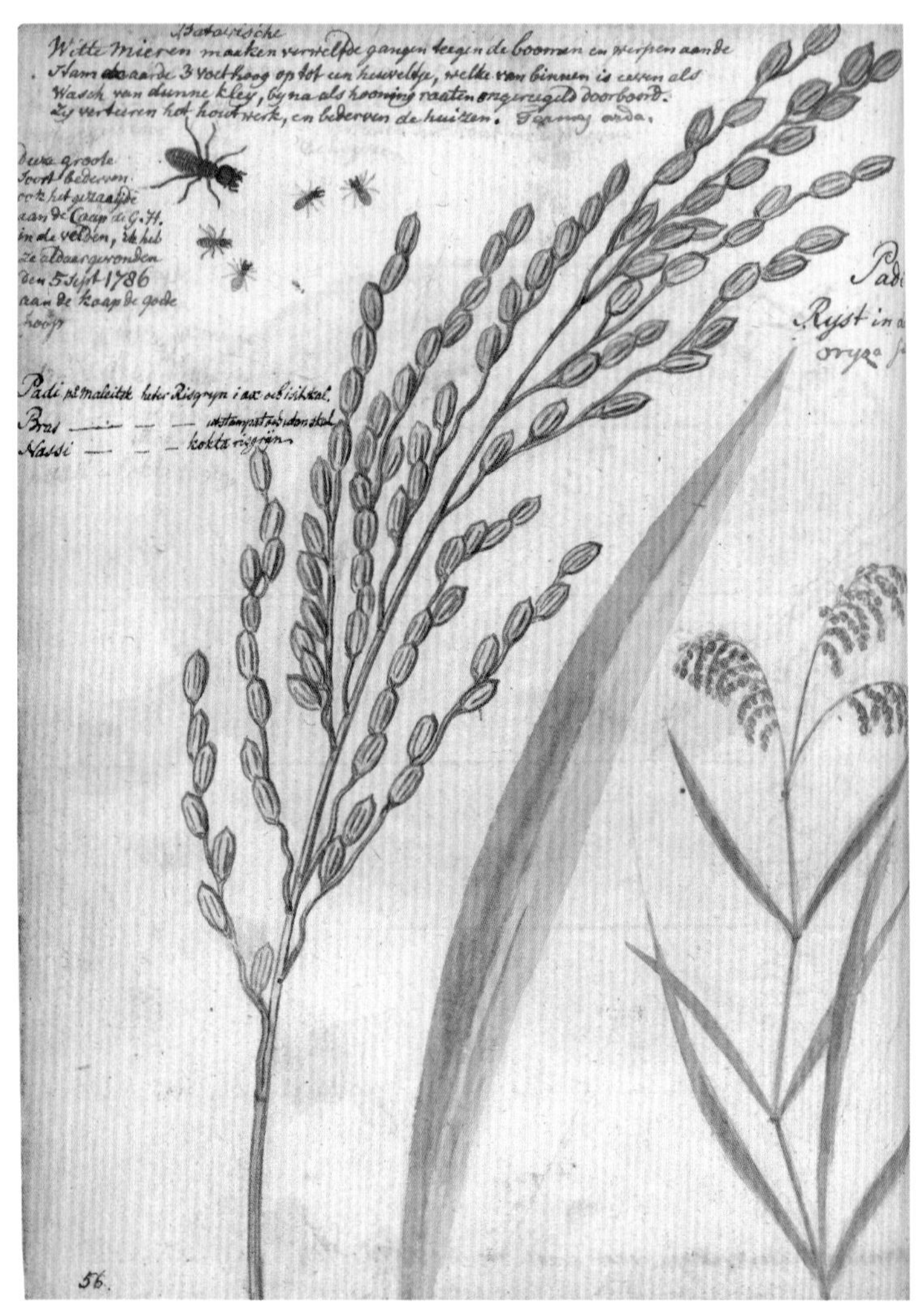

ヤン・ブランデス『アリと米』。1786年、線画。

西暦1000年には、中国は米を基盤にした世界規模の貿易を行い、世界でもっとも生産性の高い経済国になった。中国は18世紀末から19世紀にかけて、おもに米の生産と流通のおかげで世界の大国の地位を維持した。他の国のなかではインドと、のちには日本が、米の栽培と消費を基盤に経済と社会を確立した。今日、人口の増加に伴い、とくにもっとも米の消費に関係があるアジア太平洋地域では、米の需要がますます高まるだろう。2010年の時点で、米は人が摂取する総カロリーの5分の1を占めている(5)。

現在のメキシコ中部から中央アメリカに当たるメソアメリカでは、同様に1万年ほど前からトウモロコシが栽培されていた。興味深いことに、トウモロコシは人間の努力の結果繁栄し、今では人間との間に明らかな共生関係がある。ある時点で、トウモロコシはその祖先に当たるテオシンテから、そのままでは実を結ばない、繁殖するためには人間の介入が必要な植物になった。

トウモロコシは自分で種子をばら撒くことができない。代わりに人間が硬い外皮を剝いて穀粒を取り出し、それを食べたり蒔いたりする必要がある。さらに、人間がトウモロコシをきちんと消化できるようにするためには、トウモロコシをアルカリ溶液で処理するニシュタマリゼーションというプロセスが必要になる。栽培と処理の手順が確立すると、トウモロコシは南北アメリカ全土を経て最終的には世界中に広まり、とくに西アフリカとヨーロッパで

ピエール・フランソワ・ルグラン『トウモロコシ』。1799〜1801年、オーナメントプリント。

は重要な穀物となった。

トウモロコシのポリッジは南北アメリカの伝統的な料理で、先住民は現代のホミニーのようなポリッジを主食としていた。トウモロコシのもうひとつの利点は、オーツ麦のような繊細な穀物とは異なり、比較的丈夫でさまざまな環境で栽培できることだ。トウモロコシは現在、世界でもっとも生産量の多い穀物となっている。(6)

文明の基盤となる炭水化物の豊富な食物、つまり小麦、米、トウモロコシといった穀物は、世界中の10の地域で栽培され、これらの穀物はそれぞれ、地域を代表するようなポリッジに発展した。こういった元気の源となるポリッジの重要性は、その穀物に関係する特定の地域の言語や文化と密接に結びついている場合が多い。たとえば、小麦と大麦はもともと肥沃な三日月地帯で栽培化されたが、最古の文字である楔形文字は、この地の穀物や他の作物について記述するために創り出された。

実った大麦。前1353～1336年頃、石灰岩、顔料。

初期の粘土板には栽培方法、生産組織、レシピに至るまで記されている。エジプトの新王国時代の石灰岩のレリーフ（前1353～1336年頃）には、実物大の大麦の穂が写実的に描かれている。風にそよいでいるかのような、動きのある描写がなされているのだ。このレリーフは、アマルナ時代、アクエンアテンの治世の、個人の墓のものだと考えられている。この時代、神殿や墓所に動物や植物が装飾として描かれることは一般的だったが、この細部の描写は注目に値する。エジプト文化において穀物が重要な位置を占めていたことが強調されているからだ。また、アメンエムハト1世の治世にエジプト第11～12王朝で王家の執事長を務めたメケトレの墓からは、書記官や他の労働者も登場する穀物倉の模型が発見されている。穀物の準備や記帳を行う様子が表現されており、この模型がメケトレとともに埋葬されたと考えると、死後の世界でも小麦と大麦が重要だと考えられていたことや、さらには穀物が豊かさの概念と結びついていたことがわかる。

また、古代ローマでは、小麦と大麦がポリッジの基本的な材料だった。こういった主食となる穀物の重要性は、「シリアル」という言葉がローマの農業の女神、ケレスに由来することからもわかる。

一方、主食としての米の重要性は日本語にも見られる。「米」という語は、毎日の各食事を示す語に組み込まれている。「ご飯」とは「米」を意味すると同時に、「食事」の意味にも

なるのだ。「朝食」「昼食」「夕食」はそれぞれ「朝ご飯」「昼ご飯」「晩ご飯」と呼ばれる。(7)

伝統的な日本の芸術も米の重要性を示している。日本の浮世絵師、葛飾北斎(彼の大波の絵は世界でもっとも人気がある)の「百人一首うばが絵解」(1835、6年)のなかの1枚、大納言経信(源経信、桂大納言)の歌が添えられた浮世絵には、田園風景と農夫が描かれている。この浮世絵に登場する何もかもが、伝統的な日本文化の理想形だ。田を背景に荷を運ぶ男たち、簡素な村の家々や飛ぶ鳥が見える。一方、女たちは画面前方で水を汲んでいる。さらに、この絵には和歌が添えられている。「夕されば門田の稲葉おとづれて葦のまろやに秋風ぞ吹く(今、夕暮れが訪れると、秋風が田の稲をさらさらと揺らし、葦葺きの粗末な小屋へと吹いてくる)」。和歌においても浮世絵においても、田は心を結びつける場所なのだ。日本人に食べものを与える土地とそこで育つものに、北斎は焦点を当てている。

一方、南北アメリカ全域でトウモロコシが優勢であったことは、メソアメリカの人々の伝説からわかる。彼らはトウモロコシの神々を崇め、人間はトウモロコシから作られたと信じていた。アドリアン・レシーノスが翻案した神話『ポポル・ヴフ』によれば、人間はトウモロコシから創られたという。

その後彼らは私たちの最初の母親と父親の創造について話し始めた。黄色い穂のトウモ

葛飾北斎『百人一首うばが絵解』、大納言経信の歌。1835、6年、木版画。

ロコシと白い穂のトウモロコシから彼らの肉が、トウモロコシの練り粉で腕と脚が作られた。私たちの最初の父たち、つまり4人の男たちの肉になったのは、ほかならぬコーンミールの練り粉だった[8]。

旧約聖書の創造の物語では、神が土から人間を作る。キチェ族の神話『ポポル・ヴフ』では、人間の材料となるのは、もっと元気の素となるもの、つまり実際の食物だ。ラテンアメリカの文化では、トウモロコシの重要性はけっして衰えない。トウモロコシは、小麦や米と同様に、世界中の文明にとって明らかに重要な穀物なのだ。

テオドール・デ・ブライ「アメリカ先住民の調理」。1591年、凸版印刷による版画とテキスト。

◉小麦　西アジア、ヨーロッパ、北米

小麦は主食となる穀物として、アジアからヨーロッパ、そして南北アメリカへと広がった。世界最大の生産国は現在のところ中国、インド、ロシア、アメリカだ。世界には多種多様なポリッジが存在する。合衆国で人気のある「クリームオブウィート」（モルトオミールというブランドが有名）もそのひとつだ。小麦を煮たポリッジ、フルーメンティは、ローマ帝国時代からヨーロッパの伝統的な朝食だ。北インドとパキスタンでは、挽き割り小麦でダリアというポリッジが作られる。南インドには炒ったセモリナ粉で作るウプマというポリッジがある。一方、ルーマニアにはグリス・ク・ラプテという、朝食にも食べられるデザートのようなポリッジがある。セモリナ粉を牛乳で煮て、砂糖その他の食材を加えたものだ。ハンガリーにも同様のテイベグリーズがあり、フィンランドにはマンナプーロがある。ノルウェーのロンメグロートはサワークリームと小麦粉を使った濃厚なポリッジで、砂糖とシナモンが加えられたり、塩漬け肉や固ゆで卵が添えられたりする。ヤルマは挽き割り小麦で作ったトルコのポリッジだ。

◉米　アジア、アフリカ、ヨーロッパ、北米

米は中国の五大穀物のひとつで、中国は米の原産地のひとつである。コンギーは中国で食べられる米のポリッジで、アジア太平洋地域の他のいくつかの国でも食べられ、地域ごとにさまざまな名で呼ばれている。インドではカンジ、日本では粥、韓国ではジュクと呼ばれる。米（もち米もよく使われる）を長時間にわたり水でどろっとするまで煮たもので、肉、魚、野菜、卵、豆腐、スパイスとともに供されることも多い。実際、魚の入ったコンギーは、中国や東アジアのさまざまな地域で朝食によく食べられる。これらの地域に共通していること、そして他の多くの地域の朝食ポリッジの調理と異なるのは、甘みではなく風味豊かな味つけにしている点だ。コンギーはまた、体調が悪いときに食べる健康によい食べもの、つまり癒しの食べものだとも考えられている。炊飯器には、米を柔らかく炊いて粥を作れる設定が備わったものが多く、世界的に人気が高い(9)。

その他の米のポリッジとしては、アロス・カルドがある。これは鶏のスープとスパイスで調理したポリッジだ。また、チャンポラドは米とチョコレートを使ったフィリピンの甘いデザート粥だ。インドには米を牛乳で煮たキールという甘い料理がある。イタリアにはとろとろに煮た米と小麦粉で作るフラスカレッツリがある。ルーマニアのデザートのような料理、オ

レズ・ク・ラプテは、朝食にも食べられる。牛乳で煮た米に砂糖と、スパイス、ジャム、ココアで風味づけをしたものだ。ハンガリーにもよく似たテイベリジュという料理がある。北米では、ワイルドライス（アジアの米とは異なる栽培品種）が、北方の部族にとって重要な食品だ、たとえばオジブワ族とポタワトミ族は、蒸したワイルドライスにメープルシロップやクリームを添えたものを、朝食やプディングとして食べる。

◉トウモロコシ　南北アメリカとアフリカ

南北アメリカでは、トウモロコシはメソアメリカ文明の初期の時代からもっとも重要な朝食シリアルの穀物であり、ヨーロッパ人がこの地域に進出した結果、世界規模の人気を得ることになった。実際、南北アメリカの先住民族の文明は、トウモロコシとの関係を基盤に社会全体を作り上げた。アメリア・シモンズの『アメリカンクッカリー　1796年　アメリカ最初の料理本』（板東弘明訳。インディペンデント出版）は、「インディアン・プディング」という名でトウモロコシのポリッジについて記述した欧米の最初のテキストだ。

トウモロコシのポリッジには、グリッツとヘイスティ・プディング（コーンミール・マッシュ）がある。グリッツはアメリカ、とくに南部地方でもっとも一般的なトウモロコシのポリッジだ。これは挽き割りトウモロコシ、あるいはアルカリ処理されたホミニーを水か牛乳で煮たもので、ハム、チーズ、バターで塩味にしたり、砂糖で甘味をつけたりする。これらの料理はつけ合わせやスイーツとして食べられる。甘い場合には、朝食に食べるのが一般的だ。「ホミニー」という語は、パウハタン族の「ロッカホミー」に由来すると考えられている。

ほかにもトウモロコシ料理は世界中に見られる。そのひとつがアトーレだ。これはトウモロコシに風味づけしたメキシコの飲むポリッジだ。チョコレートやスパイスを加えたアトーレは、チャンプラードと呼ばれる人気の飲みもので、朝食にも、また1日のどの時間帯にも飲まれる。

調理したホミニー。ホミニーはトウモロコシを石灰で処理したもの。

トウモロコシはアフリカ大陸にも広がり、当初は目新しい穀物とみなされた。しかし19世紀には一般的になり、以来生産と消費が伸びている。アフリカ大陸で食べられるトウモロコシのポリッジには、南アフリカのパップ、エチオピアのゲンフォ、ザンビアとマラウィのンシマ、ケニア、タンザニア、ウガンダなどのウガリがある[10]。カンガ・ピラウはマオリ族が食べる発酵させたトウモロコシのポリッジで、これはニュージーランドがヨーロッパの植民地になったことで生まれた。文化的には重要なポリッジだが、調理過程で生じる強い匂いを嫌う人が多いせいで、人気は薄れてきている。

◉オーツ麦　北米

オーツ麦はヨーロッパ全域でもっとも一般的なポリッジの材料で、ヨーロッパからの移民が南北アメリカ大陸とアジア太平洋地域にもたらした。オーツ麦は夏の暑さに弱いため、ヨーロッパの涼しい地域、主としてロシア、スコットランド、アイスランド、そして北米に適応した。古代からの穀物であるオーツ麦は、5000年前のヨーロッパの湿地遺体（泥炭地で自然にミイラ化した遺体）からも発見されている[11]。

アメリカでオートミールと呼ばれるオーツ麦のポリッジは、この穀物のもっとも一般的な料理だ。昔ながらの即席オートミールは、蒸して平らにしたオーツ麦を使用する。スチールカットオートミールは、オーツ麦の殻を取り除き挽き割りにしたものだ。オートミールはスコットランド、イギリス、アイルランド、オーストラリア、ニュージーランド、北米、北欧で日常的に食べられる。これは19世紀後半にクエーカーオーツカンパニーが合衆国で押しオーツ麦の包装製品を広めるまで、農民の食べものだと考えられていた。オートミールをアレンジしたものに、イギリスの伝統的なグルーエル（飲みものと言ってもいいほどの非常に薄い粥）がある。たとえばジェーン・オースティンの小説では、登場人物がよくこれを飲みたがる。

著者お気に入りの朝食シリアル。オートミールにリンゴ、クルミ、シナモンを加えたもの。

『エマ』（1815年）では、ウッドハウス氏がこう言う場面がある。「一緒においしいグルーエルを飲もうじゃないか[12]」。ロシア、ポーランド、ウクライナには、温かい牛乳、オーツ麦、砂糖、またはバターで作るオフシャンカと呼ばれるオーツ麦の料理がある。スターラバウトは、煮立たせた湯や牛乳にオーツ麦を入れ、攪拌して作るアイルランドのポリッジだ。テルチ・デ・オバズとザープカシャは、それぞれルーマニアとハンガリーの伝統的なオーツ麦のポリッジだ。

◉大麦　中東、アフリカ、ヨーロッパ

世界最古の穀物のひとつである大麦は、もともと小麦の初期品種とともに、肥沃な三日月地帯で栽培されていた。メソポタミア人や古代ローマの剣闘士たちは、大麦や小麦のポリッジを主食としていた。大麦は昔から現代に至るまで、ヨーロッパや北米で朝食ポリッジにして食べられている。イギリスではこの穀物を擬人化したジョン・バーリーコーンという人物が民謡に登場する。大麦のポリッジは中東や北アフリカではサウィークと呼ばれ、グルーエルのように薄い場合もある。ノルウェーのビグリンスグロットは大麦、バターと牛乳か水で作る。チベットのツァンパは炒った大麦粉か小麦粉で作るポリッジだ。ダライ・ラマが朝食

によく食べるという象徴的な料理で、チベット社会を代表する料理でもある。ガアトはエチオピアとエリトリアのポリッジで、しばしば大麦で作られる。中東には、ハチミツかデーツと牛乳で作ったタルビナと呼ばれる大麦のグルーエルがある。

◉粟　アジア、ヨーロッパ、アフリカ

粟は7500年前の中国にさかのぼることができる。中東、ロシア、ドイツでは、現在も朝食や軽食として食べられる重要なポリッジだ。中国ではよくチャタンと呼ばれる粟のポリッジが作られる。セネガルにはフォンデとラクーという粟を使った2種類のポリッジがあり、普通砂糖と乳製品（牛乳かバター）を加えて調理する。ケニアにはウジ、ナイジェリアにはオギという同様の料理があり、どちらも食べる前に穀物を数日間発酵させる。一方、日本のアイヌ民族はムンチロ・サヨを食べる。これはスープのような薄い粟の粥だ。ロシアでは、粟は甘い味か塩味で食べられるが、ドイツでは普通ハチミツかリンゴで甘味をつけて食べる。インドのクーズ（またはシコクビエ）のポリッジは、タミルの女神マリーアンマンの祭りと関係がある。

◉カーシャ　アジア、ヨーロッパ、アフリカ

ロシア料理のカーシャは数種類の穀物を混ぜて作ったポリッジで、普通ソバの実が入る。ロシア人とロシア文化にとってのカーシャの重要性は、「カーシャとキャベツスープがあれば食事は十分だ」ということわざに表れている。さまざまな穀物を使うカーシャは、ロシアを超えて東欧やアフリカでも人気がある。もともとはトウモロコシで作られていたエチオピアのゲンフォは、混合穀物と豆でも作られる。さまざまな穀物を材料としたこのポリッジは、1日のどの時間にも供されるが、牛乳と砂糖を加えて朝食に食べることもできる。

◉その他のポリッジ

ほかにも特筆すべきポリッジがいくつかある。なかには主材料が穀物ではないものもある。ナイジェリアにはヨルバ語でアサロと呼ばれるヤムイモのポリッジがある。ナイジェリアとガーナのイボ族には、収穫の終了と次回の収穫に向けての始まりを祝うイリ・ジ（「新しいヤムイモ」の意）という祭りがあり、アサロのようなヤムイモのポリッジが調理される。ノルウェーにはジャガイモのポリッジ、ポテトグロットがある。これは固形に近いペーストだ。

エチオピアのテフは、バンチグラス［草むらを形成するイネ科植物の総称］の種子が材料で、伝統的なポリッジとして食べられる。また、南アフリカやジンバブエでは、ソルガム（タカキビ）のポリッジ、マベラが朝食に食べられる。カナダでは、亜麻がよくポリッジに使われ。これは挽き割りにした小麦やライ麦と合わせるのが一般的だ。ルイスプーロは、ライ麦を使ったフィンランドの伝統的な朝食ポリッジだ。最後に、ペルーには今では世界的におなじみになったキヌアのポリッジがあり、これは朝食のみならず1日のどの時間帯にも食べられる。

昔からポリッジは朝昼晩のいつでも食べられるものだった。しかし近年、とくに西欧諸国では、ポリッジと朝食との関係がよ

アメリカの基礎を作ったふたつの穀物、トウモロコシとキヌア。

り深まっている。朝食のポリッジは塩味もしくは甘い味で、さまざまな肉、魚、果物、野菜、ナッツ、スパイスを加えて食べられる。しかし甘くして食べる場合には、ほぼ間違いなく朝食として供される。一方、東南アジア、アフリカやラテンアメリカの一部で好まれる塩味のポリッジは、豆、肉、魚、スパイスとともに供される。すべての文化において、さまざまな穀物をベースにしたポリッジは、どの時間に食べるのであれ、1日のもっとも重要な食事であることを表している。欧米で産業革命が起こる頃には、朝食は朝の食事として確立していた。19世紀までの朝食は、温かいポリッジが中心だった。しかし、19世紀に合衆国で起こったある食事改革によって、朝食シリアルの食べ方が大きく変化する。コールドシリアルの登場だ。

第2章◉冷たい朝食シリアルの発明

院長職を務めた31年間で、ケロッグ博士は愛情をこめて「ザ・サン」と呼ばれていた施設を、グラハムブレッドと水による治療を専門とするアドベンティストの宿泊所から「健康の神殿」に変え、今や海岸から海岸へ、そして広大にうねる大西洋を越えてロンドン、パリ、ハイデルベルク、そしてさらにその先にまで知られる場所へと変えたのだ。

——T・C・ボイル『ケロッグ博士』（柳瀬尚紀訳。新潮社）

ポリッジは人間の文化が存在する場所にあまねく存在する。一方、冷たい朝食シリアルは、1800年代のアメリカの産業時代、そしてひとりの人物、ジョン・ハーヴェイ・ケロッグにさかのぼることができる。すぐ食べられるシリアルの開発の歴史には、ポリッジとは対照的に、多くの人々がかかわっているのだが、いかなる19世紀のフィクションよりもセンセーショナルであることはほぼ間違いない。いくつかの歴史書や小説の題材にもなっている。T・

C・ボイルの風刺的な小説『ケロッグ博士』（1993年）もそのひとつだ。原題「健康村／ウェルヴィルへの道」は、C・W・ポストのもっとも反響を呼んだ宣伝資料にちなんで名づけられたものだが、この本はジョン・ハーヴェイ・ケロッグに焦点を当てて、健康運動、朝食シリアル、加工食品産業の創出に取り組んだ人々の重要性を示している。

19世紀初頭、アメリカ人はまだ大量の朝食と夕食、つまりメインの食事を2回取っていた。農民のような労働者は、長時間の過酷な労働を乗り切るためのエネルギー源を必要としていた。ゆえに彼らの朝食はしっかりしたもので、トウモロコシをベースにしたポリッジや肉や卵だった。一方、同じアメリカでも裕福な人々は朝食にもっと贅沢なものを食べた。19世紀のほとんどの期間、上質な肉を大量に食べていたのだ。(1) この富裕層による肉食は、過度の飲酒といった他の食習慣とあいまって、消化不良、便秘、その他の胃腸病といった健康上の問題を引き起こした。

こういった食事にかかわる健康問題が深刻化したことから、19世紀半ばにアメリカでは食生活改革運動が始まり、ほぼ同時にヨーロッパでも同様の運動が起こった。シルベスター・グラハム、エレン・G・ホワイト、ジェームズ・ケイレブ・ジャクソン、ジョン・ハーヴェイ・ケロッグ、ウィル・キース・ケロッグ、C・W・ポスト、マクシミリアン・ビルヒャー＝ベンナーといった健康改革者は、とりわけ全粒穀物を国民の、そして早急に世界の食事に

コロニアル調の部屋でポリッジをかき混ぜる女性。1914年頃。

復活させようとしていた。こういった改革者たちは療養所を設立した。クライアントである患者をそこに入所させ、「科学的な」方法に従って食餌療法を行い、健康全般を向上させることが目的である。この運動が、グラノーラの前身である「グラニューラ」、クエーカーオーツ、コーンフレーク、グレープナッツといった、冷たい朝食シリアルを生み出すきっかけとなった。ほかにもさまざまなシリアルがあとに続いている[2]。

朝食シリアルを推進する運動は、北米、ヨーロッパ、オーストラリアで19世紀中期から後期にかけて起こった、もっと大きな改革の歴史の一部だった。たとえばアメリカでもっとも有名な改革運動は、奴隷制度廃止、禁酒、婦人参政権を求める運動だった。また、疑似科学の領域では、メスメリズム（催眠術のようなもの）、骨相学（頭蓋骨の凹凸から人格の特性を判断するもの）、さらには降霊術（死者と交流するもの）などが盛んに行われていた。食生活改革は、社会と自己を改革しようとするこの時代の熱情を示す重要な要素のひとつだった。

シルベスター・グラハムは欧米に菜食主義を広めた人物だが、その功績はグラハムクラッカーに残っている。彼の名を冠した全粒小麦のクラッカーは、肉食中心の食事による健康不安に応える形で生まれた。19世紀のもっとも有名な食生活改革者のひとりである彼は、全米各地に「グラハムハウス」を建設した。そこでは志を同じくするグラハムの信奉者たちが、

ケロッグ・コーンフレークは、最初の朝食シリアルのひとつで、今も欧米でもっとも人気のある商品のひとつだ。

菜食主義者のコミュニティを作って暮らしていた。野菜中心の食事を取るという彼の考えは、この章に登場する他の者たちに影響を与えた。彼らはそれぞれ、グラハムの食事理論をとくに朝食に取り入れた。

冷たい朝食シリアルの歴史は、1863年、ひとりの男にさかのぼる。ジェームズ・ケイレブ・ジャクソン博士だ。農民から改革論者、奴隷制廃止論者に転身したジャクソンは、若年期から健康不安に悩まされていた。症状を緩和させたのは「水治療法」だった。当時の他の改革運動にも受け入れられていた健康法である。水治療法は大量の水を使って行われる。患者は1日に数回入浴し、シャワーを浴び、1日中大量の水を飲み（水だけの場合も多い）、あっさりした健康的な食事を取る。そうすることで患者は健康を取り戻すと信じられていた。水治療法が功を奏し、ジャクソンは健康を取り戻した。その後、彼はこの治療法に熱中し、ニューヨークのダンズヴィルに自分の療養所を開設すると、残りの人生を患者の水治療に捧げた。ジャクソンは「丘の中腹の我が家」と名づけたダンズヴィルの療養所で、彼の総合的な健康哲学に食事改革を盛り込んで実践した。彼は肉、コーヒー、紅茶、アルコール、タバコを禁じ、代わりに水と刺激のないノンアルコール飲料を飲み、全粒穀物、果物、野菜を食べることを強く勧めた。こういった背景のもと、ジャクソンは最初の冷たい朝食シリアルを開発したのである。

ジャクソンはまず小麦粉で大きな薄焼きを作り、それをひと口大に割った。全粒粉を使用しているので、さまざまな胃腸病に有効な健康食品ではあったが、ジャクソンの最初の朝食シリアルはあまりに硬すぎて、水か牛乳にひと晩浸しておかなければ食べられたものではなかった。人々が朝食シリアルに期待する利便性に欠けていたのだ。[3] しかし、これは初めて加工された冷たい朝食シリアルであり、食品の製造と消費に革命を起こした。商業的には成功しなかったものの、アメリカの肉食中心の食生活に対抗して健康的な朝食シリアルを作るというジャクソンのアイデアは、セブンスデー・アドベンティスト教会の創設者エレン・G・

ジャクソン療養所。1890年の宣伝パンフレットより。

ホワイトや、彼女の弟子、ジョン・ハーヴェイ・ケロッグのような他の食生活改革論者に影響を与え続けることになる。

ホワイトは誰に聞いても並外れた女性だった。彼女はセブンスデー・アドベンティスト教会の創設者のひとりで、この団体は、21世紀に至るまで世界中で強い勢力を保ち続けている。19世紀のもっとも有名なベジタリアンコミュニティの一員として、ホワイトはダンズヴィルにあるジャクソンの療養所を訪問し、彼の提案する食餌療法に感銘を受けた。実際、ホワイトが設立にかかわったアドベンティスト・コミュニティのひとつがあるカリフォルニア州ロマリンダは、コスタリカのニコヤ、日本の沖縄、イタリアのサルデーニャ、ギリシャのイカリアとともに、世界の「ブルーゾーン地域」（住民の健康と長寿で知られる地域）のひとつに数えられている。彼女はカリフォルニアに移る前に、ジャクソンのダンズヴィルの療養所で学んだアイデアを採り入れた療養所を、ミシガン州バトルクリークに設立した。さらに若き医師ジョン・ハーヴェイ・ケロッグを招き、療養所の運営を手伝わせた。

ケロッグはミシガン州出身で、セブンスデー・アドベンティストの信者として育った。彼と弟のウィル・キース・ケロッグを含め、きょうだいが17人もいたが、ジョン・ハーヴェイが若いときに、ホワイトが見込まれ、ミシガン大学、ニューヨーク大学、ベルビュー病院で学ぶ費用を援助してもらった。彼はそこで医師になる勉強をし、研修医トレーニングプログラムを終了後まもない１８７６年にバトルクリーク医学外科療養所（バトルクリーク療養所と改名される）に入所し、ホワイト夫妻の直属の部下として働いた。その後１８７８年にホワイトとともにダンズヴィルの「丘の中腹の我が家」を訪問し、ジャクソンの提唱する健康のための食生活改革について学び、それを自分たちの療養所に取り入れようとした。ケロッグは現役の医師であり、彼が考案した健康志向の食事は、19世紀末の最先端の科学に基づいていた。さらに、彼の栄養支援運動は当時の流行であり、持続的な影響力を持つものだった。

ケロッグが冷たい朝食シリアルの歴史における最重要人物のひとりだったことは紛れもな

い。彼の食生活改革計画のひとつは、患者のデリケートな体質に対応しやすいよう加工を施した（彼はそれを「前消化」食品と呼んでいた）食品で消化を助けるというものだった。ケロッグの朝食用加工食品は、「ザ・サン」と呼ばれる療養所での「生物学的生活」哲学の一環だった。彼は細菌論についての知識を食事に対する懸念と結びつけて、胃腸の細菌に着目した。私たちが現在マイクロバイオームと呼ぶものについていち早く提唱していたわけだ。彼は健康的な食事が全般的な健康の鍵となることを認識し、療養所の実験用キッチンで新たなレシピの研究を続けた。熟練した医師、また外科医として、ケロッグは食事を調整することで、可能な限り手術の必要性を回避することにも力を注いだ[4]。

生涯にわたり尊敬される医師であり栄養学者であったものの、ケロッグの経歴は時代とともに複雑なものになっていく。ケロッグは苦境に立たされ、最終的にホワイトのコミュニティを去ったが、教会から破門されたにもかかわらず、バトルクリークの療養所のスタッフにとどまり、一方、ホワイト夫妻とその信奉者たちはミシガン州を出てカリフォルニア州に向かった。ケロッグと妻であるエラ・イートン・ケロッグ（健康改革者であるとともに作家でもあった）の間に実子はいなかったが、42人の子どもを里親として養育した。彼は優生学、つまり人種主義を前提として繁殖を科学的に研究する学問を信奉していた。実際、ケロッグは人種の分離を信じ、１９０６年には人種改良財団の創設者のひとりに名を連ねている。

彼には厄介な部分もあったが、彼の食事に関する発明、とくに朝食シリアルは、今も文化的に重要だ。

ジョン・ハーヴェイとエラ・イートンのケロッグ夫妻は、療養所の実験用キッチンで新たなレシピの開発を続け、エラはキッチンの仕事を直接監督する役割を担っていた。しかしありがちなことだが、現代の朝食シリアルの開発におけるエラの功績は見過ごされていることが多い。療養所の実験用キッチンでは、弟も含むケロッグ一家が多くの健康的な朝食食品のレシピを開発した。そのいくつかは、エラの著書『キッチンの科学 *Science in the Kitchen*』(1892年)で発表されている。彼らの最初のレシピのひとつは、1878年から療養所で出された、一種のグラニューラだった。ケロッグのレシピは、偶然なのか故意なのか、ジャクソンのオリジナルに非常によく似ていて、微妙な違いがひとつあるだけだった。オリジナルの粗挽きの小麦粉にコーンミールとオートミールが加えられていたのだ。ジャクソンのレシピと同様に、ケロッグのグラニューラもゆっくりと焼き上げ、小片にされていた。この朝食シリアルは療養所の初期のレシピの改良版だったが、ジャクソンのオリジナルのグラニューラに酷似していた。実際、名前も同じだったし、ジャクソンが告訴すると脅すのも無理はないほど似ていた。ここからジョン・ハーヴェイの長い訴訟の歴史が始まる。ジャクソンから著作権侵害で訴えられるのを避けるために、ケロッグ側はレシピの名を「グラノーラ」

バトルクリーク療養所で講演するジョン・ハーヴェイ・ケロッグ。1930年代頃。

エラ・イートン・ケロッグ『キッチンの科学』の表紙絵（1893年版）。

に変更した。これはまだ硬く、広く市場に売り出すのではなく、療養所の患者たちの健康食品として扱われる比較的味気ないシリアルだった。あまりに地味であまりに高価だったため、一般の消費者に売り込んで成功するものでもなかった。

最終的に、ケロッグ側がより優れたフレーク状のシリアルを開発し、これが象徴的なケロッグ・コーンフレークとなり、一大産業へと発展していく。ジョン・ハーヴェイは当時小麦から作っていたフレークの特許を、1894年に「フレーク状シリアルとその製法」として取得した。この特許で、ケロッグは調理した穀物の生地を麺棒で伸ばし、それを再び焼く工程について次のように記している。「できあがった製品は非常に薄いフレーク状で、そこに含まれるブラン（またはその繊維部分）は粉砕され、分解、完全な調理、蒸気処理、焙煎によって、消化に適した状態になっている[5]」。ケロッグは独自の工程が合衆国の特許法で確実に保護されるよう留意したが、自分の影響が直接及ばない側面については言及できなかった。彼は特許内で他の食品を引き合いに出すことはせず、装置の製造元にも言及しなかった。その結果、競合他社に門戸を開くことになり、他社は朝食シリアルのブームに乗って、この機会をすぐに活用したのである。

この初期の特許から、シリアル製品の重要性に対するケロッグの哲学がよくわかる。彼の特許は、そこに記されている食品の発明と同様に、その種の特許の最初の例であり、のちの

ミシガン州バトルクリークを訪問したタフト大統領。ジョン・ハーヴェイ・ケロッグ、ウィル・キース・ケロッグ、C・W・ポストが同席している。

類似したシリアル製品の基盤になる一方で、冷たい朝食シリアルの特許取得プロセスにかかわる知的財産権は誰のものかという懸念も生み出した。ケロッグは1895年にヘンリー・パーキーがシュレッドウィートの製造を開始した際、訴訟を起こして失敗に終わっている。問題の特許は、他のシリアルの開発を制限するにはあまりに具体性に欠けると判断されたのである。全般的にケロッグの特許は、たとえば小麦のフレークについて詳細に述べるのではなく、「フレーク」でひとくくりにして具体的な仕様についてさほど言及していない。それが朝食シリアル産業全体の誕生につながったのは確かである。[6]

ジョン・ハーヴェイと弟、ウィル・キース・ケロッグとの関係を語るうえで、訴訟というテーマはとくに重要だ。1879年、ウィル・キースはジョン・ハーヴェイの療養所に助手として入所した。当時、ジョン・ハーヴェイは来訪者や患者を実験用キッチンに頻繁に案内して、レシピや技術の詳細な部分を見学させていた。健康上の理由で療養所を訪れていたC・W・ポストは、この機会を逃さなかった。ポストはケロッグ家のフレーク状シリアルのアイデアを盗み、それをもとにポスト・シリアル・カンパニーを設立したのだ。これを知ったウィル・キースは、ポストと競合する朝食シリアルの会社を設立することで反撃しようとした。彼は兄とともに1897年にサニタス・フード・カンパニーを立ち上げた。

ところがシリアルに加える砂糖の量で、兄弟は争うことになった。ジョン・ハーヴェイはシリアルに大量の砂糖を加えることを頑なに拒否したが、ウィル・キースは砂糖を増やさないと、あまりにも味気なく、売れ行きも悪くなると見抜いていたのだ。結局、兄弟関係はぎくしゃくし、もはや一緒には働けないと悟ったウィル・キースは療養所を退所し、朝食シリアル会社、ケロッグ・シリアル・カンパニーを設立し、C・W・ポストに倣って砂糖を添加した(20世紀半ば以降ほどの量ではないが)朝食シリアルを専門に扱うようになる。実際、ウィル・キースはポストがケロッグの発明を利用したことに不満を抱いていたので、商品の

ウィル・キース・ケロッグと愛馬。娘ベスと孫たちと。ケロッグ邸からの眺め。1920年代後半の絵葉書。

箱に信頼性の証として「ケロッグ」のサインを入れて販売するようになり、そのサインのないポストのシリアルはまがいものだと匂わせた。ジョン・ハーヴェイは弟の事業に対する姿勢に垣間見える物質主義をけっして許さず、ふたりはその後死ぬまで基本的に和解することはなく、ときには法廷で争うことすらあった。彼らは成人後のほとんどの期間、いがみ合う関係にあったが、よかったこともあったに違いない。興味深いことに、ケロッグ兄弟はともに90代まで生きたからである。

さらにウィル・キースは、成功した平均的な実業家に比べて高い公共心を持ち合わせていたので、敵役としては少々物足りないかもしれない。彼は療養所で働いていた頃、貧しい患者が治療代を支払えるようお膳立てし、初期の朝食シリアル工場で従業員の子どものための遊び場や公園を作るなど、福利厚生に取り組んだ。これは当時としては画期的なことである。また、他の産業に先駆けて製品に栄養表示のラベルをつけ、１９３０年の大恐慌の際にはW・K・ケロッグ財団という、今もバトルクリークで活動している慈善団体を設立した。実際、財団の設立に彼が投じた６６００万ドルの寄付は、21世紀の10億ドル以上に相当する。ウィル・キースは「私は自分の金を人に投資する」という彼の誓約を果たしたと言えよう。

ジョン・ハーヴェイ・ケロッグの敵、C・W・ポストは、成人してからずっと消化器系の不調に悩まされていて、１８９１年に療養所の患者となった。彼はケロッグの食餌療法によって全般的な健康が回復したことに感銘を受け、その内容に魅了された。野心家であるうえ、今や比較的健康になったポストは、ケロッグの療養所にほど近いミシガン州バトルクリークの「ラ・ヴィータ・イン」の経営を引き継ぎ、競争相手となった。しかし、ポストはケロッグ以上の成功を望んでいた。ポスタム（合衆国では今でも健康食品店やレストランで販売されている）という代用コーヒーの開発に加え、1897年にはグレープナッツというシリアルの特許を取得した。彼の象徴とも言うべき朝食シリアルを作るために、ポストは全粒粉の生地を作り、それを一度粉砕してから、今もおなじみの小さな塊にした。これは歴史上もっとも人気のあるシリアルのひとつになった。ブドウもナッツも入っていないグレープナッツは、ポストが「グレープシュガー」と呼ぶ麦芽糖を使用したことと、焼成によってナッツのような風味が生まれたことでそう名づけられた。

グレープナッツが成功したおかげで、ポストはポスト・シリアル・カンパニーの前身であるポスタム・シリアル・カンパニーを設立し、近隣のサニタスやのちにはケロッグ・シリアル・カンパニーと競合する大企業になることができた。典型的な立身出世物語で、病弱なポストはわずか6年で億万長者になった。しかしケロッグ兄弟とは対照的に、ポストの健康状態は長続きしなかった。彼は1914年に虫垂炎を患い、ミネソタ州のクリニックで有名な医師、ウィリアム・メイヨーとチャールズ・メイヨーによる手術を受けた。メイヨー兄弟は手術は成功したと主張したが、ポストはひどい苦痛に悩まされ続け、数か月と経たないうちに、59歳で自殺した[7]。

朝食シリアルのドラマの中心地となったバトルクリークには、象徴的な物語がある。この人口3万人の正真正銘の新興都市は、世紀の変わり目には最盛期の鉱山の町に匹敵するほどだった。しかしバトルクリークの「金脈」は朝食シリアルにあった。当時、この街には「世界のシリアルボウル」「シリアルシティ」「フードタウン」「世界のコーンフレーク・キャピタル」といったニックネームがつけられた[8]。バトルクリークという名は、ヨーロッパ人と先住民のポタワトミ族の間で1800年代初頭に戦いが行われたことにちなむが、朝食シリ

C・W・ポスト。1914年頃。

アルブームと、ケロッグ・シリアル・カンパニーの世界拠点のある場所、そしてW・K・ケロッグ財団の所在地として永遠に記憶されることになるだろう。バトルクリークはもはやシリアルブームの中心地ではないものの、伝説の地であり続けるとともに、いくつかの企業のオフィスは残っている。

バトルクリークの朝食シリアルブームは瞬く間に他の国にも広がった。スイスの医師で栄養学者のマクシミリアン・オスカー・ビルヒャー＝ベンナーは、1897年、チューリッヒに「ヴァイタルフォース」という療養所を開設した。ジョン・ハーヴェイ・ケロッグが彼の療養所で健康的な朝食シリアルの研究に取り組んでいたのと同じ頃である。ビルヒャー＝ベンナーはチューリッヒの療養所で消化器の健康に焦点を当て、患者がさまざまな健康上の問題から回復するのを助けるためにローフード［生のままの野菜や果物、ナッツ類を指す］の食事を提供した。ビルヒャー＝ベンナーが食生活改革に取り組んだのは、彼自身が黄疸を患い、それがローフード、とくにリンゴを食べて治ったと信じていたからだった。菜食主義や、ジャクソンやケロッグの厳格な食餌療法を超え、ビルヒャー＝ベンナーはもっとも栄養価の高い食事としてローフードを推奨した。食餌療法、ローフード、そしてヴァイタルフォースの患者の健康効果に関心を抱いた彼は、独自の朝食シリアル、「ビルヒャーミューズリー」（一般にはミューズリーという名で知られている）を1906年頃に開発した。

マクシミリアン・ビルヒャー＝ベンナーの「ビルヒャーミューズリー」に使われるシンプルな材料。

ビルヒャー＝ベンナーのオリジナルレシピには、未調理の押しオーツ麦、果物、ナッツが使われており、未調理のオーツ麦ではあるが、現代のグラノーラに多くの点で似ている。これは、彼の家族がスイス・アルプスでハイキングをした際に食べたものからヒントを得た。ケロッグとは対照的に、ビルヒャー＝ベンナーは自分の朝食用食品を加工したり焼いたりすることに反対した。患者が自力で消化することを望んでいたからである。さらに、現在の朝食シリアルとは異なり、ビルヒャー＝ベンナーは患者に朝に限らず、しばしば毎食、ミューズリーを食べさせた。彼の朝食シリアルはケロッグやポストのものとは異なり、いくつかのシンプルな材料を使って家庭で簡単に作れるものだった。彼の発明は、店で売るような特別に包装された朝食食品として始まったわけではなかった。ビルヒャー＝ベンナーの名が、現在、多国籍の朝食シリアル企業と結びついていないのはそのせいかもしれない。(9)

第3章◉19世紀以降の世界の朝食シリアル

イフェメルはスーパーマーケットに初めて行ったときに感じためまいについて、彼女に話した。シリアル売り場で、故郷でよく食べていたコーンフレークを買いたかったのだが、突然100種類ものシリアルの箱が並んでいるのを見て、色と絵が渦巻くなか、めまいを感じたのだった。イフェメルがこの話をしたのは、滑稽だと思ったからだが、それはアメリカ人の自尊心を無邪気に刺激した。

――チママンダ・ンゴズィ・アディーチェ『アメリカーナ』(くぼたのぞみ訳。河出書房新社)

20世紀初頭、アメリカの貨物船は世界中の市場に向かい、南アフリカ、香港、カイロなど、さまざまな国や地域の港を訪れた。(1) その際、他の積み荷とともに、インスタントの朝食シリアルもこれらの市場に運ばれた。アメリカの食品だったものが瞬く間にグローバル化したのは、朝食シリアルがブームになった当時、世界のつながりがすでにできあがっていたからにほかならない。実際、1950年代には、カナダ人とオーストラリア人ひとり当たりが消費する朝食シリアルは、アメリカの家庭で食べられる量を上回っていた。[2] 以来世界中で、インスタントシリアルは伝統的なポリッジと市場シェアを競っている。こういった大量のシリアルが、ナイジェリア人の作家、チママンダ・ンゴズィ・アディーチェの『アメリカーナ』（2013年）に登場する。主人公のイフェメルは、おそらくアメリカの食料品店でもっとも象徴的な売り場、つまり朝食シリアルの売り場で、めまいに襲われる。ナイジェリアの伝統的なポリッジであるフフやサザ、あるいはコーンフレークの一般的な箱とは対照的に、この場面に登場する西洋の朝食シリアルは、登場人物に満足感や栄養ではなく、不安定さを感じさせる。

アジア、アフリカ、南米では昔から冷たい朝食シリアルへの関心が薄く、昔ながらの風味豊かなポリッジが食べられることが多かったが、さまざまな理由により、20世紀後半から変化してきている。インスタントのシリアルはすぐに、しかも簡単に食べられる健康的な食品で、子どもだけでも作れるほど簡単な食事とみなされた。また、都会の労働者が勤務前に食べる便利な朝食用の食品でもあった。スーパーマーケットの台頭により、朝食シリアルは他の朝食用の食品と比べても安価に、世界中でますます多くの人々に提供されるようになった。最終的に、ケロッグ、ポスト、クエーカーオーツといった拡大する朝食シリアル企業は、自

セントルイス万国博覧会のパフドライスのブース。1904年。

社のシリアルを宣伝するために莫大な資金を使い、工夫を凝らすようになった。

世界により大きな市場を拡大するための戦略に加えて、競争もまた、朝食シリアル企業にとって黎明期からの原動力となってきた。この競争により、企業はさらに工夫を凝らした新機軸を生み出そうと躍起になった。1902年にアレクサンダー・P・アンダーソンが開発したパフィングガンはその一例だ。この機械は、穀物を「弾け」させてふくらんだ状態にし、リング形その他の形にするというもので、これは今では朝食シリアルの原型とも言うべきフレークや小さな塊状のシリアルと同じくらい一般的な形状となっている。原料となる穀物のでんぷんに含まれる水分が、機械を通る際に加圧され、非常に高い温度（260℃程度）で加熱されると、瞬く間に蒸気に変わり、穀物をふくらませる。それで穀物の「パフ」ができあがるというわけだ。アンダーソンは1904年にミズーリ州セントルイスで開催された万国博覧会の期間中、トマス・エジソンやアレクサンダー・グラハム・ベルといった観覧者を前に、米をパフにして見せた。トウモロコシをパフにしたシリアルを初めて製造したのはキックスで、その後、チェリオスの前身であるチーリオーツや、コーンポップ、ラッキーチャームなどが続いた。パフィングガンは1940年代にもっと効率のよい押出加工機械に取って代わられた。フレーク状や小さな塊状以外の朝食シリアルはすべて、1902年に初めて確立した押出成形プロセスのいずれかのバージョンを使用している。

コーンポップ。シリアルの新しい形。

朝食シリアルが19世紀末の療養所で健康的な食事の一部として扱われていたものよりも、ずっと健康的で機能的な食品になることができたのは、加工食品であればこそだった。20世紀の前半、アメリカ食品医薬品局は、世界中の家庭に見られたくる病（ビタミンDの欠乏によって起こる）やペラグラ（ナイアシンの欠乏によって起こる。トウモロコシの食べすぎが原因になることも多い）といった衰弱性若年性疾患を減らそうとしていた。朝食シリアル企業はこれに応え、自社製品に鉄、リボフラビン、チアミン（ビタミンB１）、ナイアシンやカルシウム、ビタミンDを添加した。「ビタミン（*vitamin*）」は、１９１２年にポーランドの科学者、カシミール・フンクによって作られた語だ（フンクは当初*vitamine*という綴りにしていた）。フンクのビタミン発見以前に、日本の科学

鈴木梅太郎。のちにビタミンと呼ばれるものを最初に開発した。

者鈴木梅太郎が1910年に、アベリ酸と名づけた微量栄養素の組み合わせを使って、脚気の治療法を発見していた。私たちが現在ビタミンB1あるいはチアミンと呼んでいるものだ。鈴木はフンクよりも前にこの栄養素、ビタミンを発見していたのだが、彼の研究は1912年までドイツ語に翻訳されていなかったので、最終的に「ビタミン」と命名したフンクには伝わらなかった。世界中の社会はすでに食べものと健康を関連づけていたが、鈴

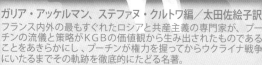

界を魅了するホームズ・ドラマ

ャーロック・ホームズとジェレミー・ブレット

モーリーン・ウィテカー／日暮雅通監修／高尾菜つこ訳

映像の世界でも愛され続ける名探偵ホームズ。数々の名作が存在するなか、決定版ともいえるホームズを演じたのがジェレミー・ブレットである。作品について本人・共演者・制作陣の言葉と、百点以上のカラー図版とともにたどる。

四六判・2700 円（税別）ISBN978-4-562-07360-3

とことん調べたら予想以上に面白かった！

ャーロック・ームズと見る ヴィクトリア朝英国の食卓と生活

関矢悦子

ヴィクトリア時代の「ハムエッグ」の驚くべき作り方、炭酸水製造器って何？ ほんとうは何を食べていたの？ といった食生活の真相からクラス別の収入と生活の違い、下宿屋、パブの利用法から教育事情も、「ホームズと一緒に」調べてみました。2014 年 3 月刊の新装版。

A 5判・2400 円（税別）ISBN978-4-562-07376-4

カーネギー賞作家サトクリフのアーサー王 3 部作！

アーサー王と円卓の騎士 普及版

四六判・1600 円（税別）ISBN978-4-562-07368-9

アーサー王と聖杯の物語 普及版

四六判・1500 円（税別）ISBN978-4-562-07369-6

アーサー王最後の戦い 普及版

四六判・1500 円（税別）ISBN978-4-562-07370-2

ローズマリ・サトクリフ
山本史郎訳

カーネギー賞作家であるサトクリフが、アーサー王と円卓の騎士、魔術師マーリン、そしてブリテンの善と栄光を求める彼らの終わりなき戦いと伝説を、豊かな物語性と巧みな構成力、詩的な文章で彩られた魅力的な登場人物などで、美しくも神秘的な物語として紡ぎ出す。2001 年刊の普及版。

活感あふれる庶民目線だから面白い「世界の日常生活」シリーズ

ヴィクトリア朝 ロンドンの日常生活

世界都市の市民生活から食文化、医療、犯罪捜査まで

イケル・アルバート／白須清美訳　発展と荒廃を飲み込んだ世界都市ロンドンで、今日からあなたが生きていくためのノウハウを専門家が案内。何を食べてどう稼いでいたのか、どんな事件があったのか、一般市民の目線でたどったユニークな一冊。 **四六判・2400円**（税別）ISBN978-4-562-07365-8

古代ギリシアの日常生活

生活文化から食生活、医療、仕事、軍事治安まで

ロバート・ガーランド／田口未和訳　今日から古代ギリシアで生きていくためのあらゆるノウハウをこの一冊に。日々の生活作法はもちろん、当時ならではの身分や教養、そして緊急事態の対応まで幅広くわかりやすくユーモアを交えて「歩き方」を案内。 **四六判・2400円**（税別）ISBN978-4-562-07364-1

好評既刊

古代ローマの日常生活Ⅱ
社会のしくみから食生活、娯楽、信仰まで、生きていくための100のポイント
L・J・トラフォード／元村まゆ訳 **四六判・2400円**（税別）ISBN978-4-562-07353-5

中世ヨーロッパ「勇者」の日常生活
日々の冒険からドラゴンとの「戦い」まで
ケイト・スティーヴンソン／大槻敦子訳 **四六判・2500円**（税別）ISBN978-4-562-07342-9

かさの象徴であり、神秘的な魅力をたたえた海の宝石

図説］貝の文化誌

ファビオ・モレゾーン／伊藤はるみ訳

貝は古代から現代に至るまで食用として、またその美しさから飾りとして利用されてきた。呪物や祭祀の道具、染め物や容器・装身具、貨幣や財宝、美術の中の貝など、人類と貝の長い歴史とその魅力をカラー図版で紹介する。

A5判・3900円（税別）ISBN978-4-562-07350-4

かで広大な蒸溜酒の世界

蒸溜酒の自然誌

ロブ・デサール、イアン・タッターソル／白井慎一監修／内田智穂子訳

蒸溜酒は誕生以来、技術進化と創意工夫により無限の進化を遂げてきた。ブランデー、ウォッカ、テキーラ、ウイスキー、ジン、ラムのみならず世界中に存在する蒸溜酒について文化、社会、科学、歴史など幅広い分野を背景に迫る。

四六判・4500円（税別）ISBN978-4-562-07337-5

楽器の貸出やお葬式まで！図書館はもう「読む」だけじゃない

図書館は生きている

パク・キスク／柳美佐訳

韓国で「司書が選んだ良い本」に選定されたほか、多数の書店でベストセラーになった話題の書！ 長年、アメリカの公共図書館で司書を勤めた著者が綴る、図書館の知られざる日常と世界の図書館をめぐる25のエピソード

四六判・2000円（税別） ISBN978-4-562-07367-2

進化を遂げる「本格ミステリ」1年間のすべて！

2024本格ミステリ・ベスト10

探偵小説研究会編著

気鋭からベテランまで話題作揃いのランキングをはじめ、新作『鵼の碑』が話題の京極夏彦、予測不能の俊英・方丈貴恵の2大インタビュー、特集は「暗号ミステリの愉しみ」。今年も情報満載でお届けします！

A5判・1000円（税別） ISBN978-4-562-07374-0

朝日新聞国際発信部による英訳も掲載！

英文対照 天声人語 2023 秋［Vol.214］

朝日新聞論説委員室編／国際発信部訳

2023年7月～9月分収載。七夕／シニア世代の再雇用／森村誠一さん逝く／ビッグモーターの不正／夏の音／きょう広島原爆の日／御巣鷹の尾根で／きょう終戦の日／処理水の海洋放出／ジャニーズ事務所への提言／子どもたちの関東大震災／京アニ事件の裁判 ほか

A5判・2000円（税別） ISBN978-4-562-07275-0

いますぐ誰かに教えたくなるこの日の秘密

もっと知りたいクリスマス

サンタ、ツリー、キャロル、世界の祝い方まで

ジョージ・グッドウィン／黒木章人訳

サンタクロースやツリー、キャロル、アドヴェント・カレンダーの起源や世界のクリスマスなど。みんなが知りたいクリスマスのトリビアを、大英図書館が所蔵するクリスマスのヴィンテージイラストとともに紹介する美しい1冊。

A5判・2000円（税別） ISBN978-4-562-07347-4

現代の国際情勢

ヴィジュアル版 ラルース 新

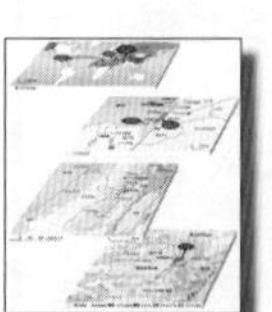

現代

イヴ

おもに

な争点

の縮尺

らに進

「幻想動物とは何か

ヴィジュアル版 世

トニー

エルフ、鳳

雪女、ド

での世界

がつくりだ

フルカラー

A

深海の遺物が明かす

沈没船から

アラン・G

深海に眠る

技術の進化

たな光を当

巨大タンカー

から、人類の

お尻はなぜ人々を魅了す

お尻の文化

人種、ファッシ

ヘザー・ラドケ

女性のお尻は世の

ホモ・エレクトスの

広告やメディアに見

カルチャーまで、多

A5判

木とフンクは食事におけるこの健康要素を特定したのである。こういった重要なビタミンとミネラルを添加した朝食シリアルによって、欧米その他のシリアルを消費する地域は、ペラグラなどさまざまな病気を取り除くことに成功した。1930年代から40年代にかけて、朝食シリアル（普通はタンパク質が豊富な牛乳に浸して食べられた）は健康的な朝食の一部となった。こうして、ジョン・ハーヴェイ・ケロッグがもともと提示した健康への懸念は20世紀に入っても続いていたが、ある意味、それらへの取り組みは企業によって進められたわけで、ケロッグはそのひとつにすぎない[3]。

ただし、こういった朝食シリアルに添加されたのは、ビタミンやミネラルだけではない。1939年、ジム・レックスはパフ状シリアルにシロップやハチミツを塗ってから高温で焼くことで、甘いコーティングを完全に均等に施す技術を開発した。糖衣がすでにかかっているレックスの朝食シリアルは、人気があったローン・レンジャーの登場人物にちなんで、「レンジャー・ジョー・ポップド・ウィート・ハニーズ」と名づけられた。当時、消費者、とくに子どもたちは朝食シリアルに砂糖をかけすぎてしまいがちだったので、すでに甘味をつけてあるシリアルのほうが健康によいと考えられた。しかし、レックスにはC・W・ポストやウィル・キース・ケロッグのような経営の才はなく、ビジネス上のノウハウを欠いていたため、生産に関する問題は深刻化した。さらに、シリアルの砂糖のコーティングが溶けやすく、

著者のお気に入りの朝食シリアルのひとつ。ケロッグのフロステッドミニウィート。

オーストラリアで人気の朝食シリアル、ウィートビックス。

再び固まりやすいため、まずそうな塊になりがちだった。彼のレンジャー・ジョー・ブレックファスト・フード・カンパニーは1年も経たないうちに廃業した。もっとも、「砂糖衣をかけた」シリアルのアイデアは、すぐにポストやケロッグその他の朝食シリアル企業に採用された。その後の10年の間に、ポストは甘味のついたパフ状シリアル、シュガークリスプを開発し、1952年にはケロッグがフロステッドフレークを発売し、続いて1969年にはフロステッドミニウィートを発売した。[4]

一方、インスタントの朝食シリアルが生まれるきっかけとなった食生活改革運動は、世界中で別種のシリアルを作り出した。たとえばオーストラリア、ニュージーランド、南アフリカでは、ウィートビックスが、アメリカのグレープナッツやコーンフレークのような象徴的な存在になっている。この全粒粉シリアルは、長方形に成形された小麦のビスケットで、普通は冷たい牛乳に浸して食べる。20世紀初頭に、エレン・G・ホワイト率いるセブンスデー・アドベンティスト教会が、オーストラリアを拠点とするサニタリウム・ヘルスフード・カンパニーを設立した。同社のウェブサイトによると、この会社は1928年にウィートビックスのオーストラリアでの販売権を買い取り、その後ニュージーランドと南アフリカに販路を拡大し、1932年にはイギリスでウィータビックスという名前で販売するようになった。ウィートビックスのウェブサイトは、「オージーキッズはウィートビックスキッズ」と宣言

ウィートビックスの広告。1948年。

している。さらにニュージーランドでは、ウィートビックスの箱にこの国の「ナンバーワン朝食シリアル」だという主張が掲げられている。この象徴的な朝食シリアルのすべてのバージョンは、それぞれの国で人気を保持し続けている。[5]

インスタントの朝食シリアルが世界中で成功したのは、その便利さによるところが大きい。女性が外で働くようになり、共働きの家庭が増えたことで、親は1日を始めるための食事が便利かつ健康的であることを求めていた。朝食シリアルならではの魅力はその使い勝手のよさにもある。小さな子どもでも、箱を開けたり牛乳や器を用意するくらいなら大人の手を煩わすことなくできる。湯を沸かしたり火を使ったりすることが必要な温かいポリッジの調理では考えられないことだ。この便利さは、朝、家族の世話をする忙しい両親にとって非常に重要だということがわかった。

しかし1960年代になると、健康志向の親たちは家族の朝食に便利なだけでなく健康によい食品を求めるようになった。レイトン・ジェントリー（ジョニー・グラノーラ・シードという愛称で呼ばれた）はこの頃にグラノーラのレシピを変え、北米やヨーロッパ、しだいに世界の他の地域にも当たり前に並ぶようになっていた朝食シリアルに代わる、砂糖の使用量を抑えた商品を提供した。彼が参考にしたのは、ケロッグが19世紀に特許を取得したグラノーラのレシピだったが、ナッツやシード類を彼の「クランチーグラノーラ」に加えるこ

現代のグラノーラ。健康的な朝食シリアルへの回帰として、1960年代に始まった。

とで変化をつけ、さらにシロップやブラウンシュガーを加えて甘くしたものの、競合製品よりは控えめにした。これは砂糖の入った朝食シリアルへのカウンターカルチャー的反応だった。

1972年、ミズーリ州セントルイスのペット・インコーポレイテッドという会社が最初のパッケージ入りのグラノーラ、「ハートランド・ナチュラル・シリアル」を開発した。これはノスタルジックなシリアルとして、シリアルの箱もセピア調のデザインを採用し、シリアルが健康食品だった昔を思い出させるような宣伝をして売り込んだ。かりかりしたグラノーラは消費者の間で大人気となり、朝食シリアルの企業はすぐにジェントリーのレシピの自社バージョンを開発した。まもなくほぼすべての朝食シリアル企業が、グラノーラを商品に加えるようになった。今日、グラノーラは完全にシリアルの主流となっている。数えきれないほどのフレーバーがあり、生産規模もさまざまだ。職人の手で少量生産されるグラノーラは2010年代にとくに人気を博した。興味深いことに、グラノーラはミューズリーと同じく、家庭でも簡単に作れる。ビルヒャー＝ベンナーと彼のミューズリーと同様に、ジェントリーがケロッグやポストほどに名前が知られていないのはそのためかもしれない[6]。

1970年代には、朝食シリアル企業はすべてのシリアルで、甘さ控えめの製品を作るよう圧力をかけられた。多くの企業はこれに応え、製品に含まれる全粒粉やブランやナッツの量を増やしたり、グルテンフリーといった、食事制限のある消費者用の選択肢があったりすることを宣伝した。朝食シリアル会社はまたシリアルのブランド名を変え、たとえばシュガースマックをハニースマックに、またはシュガーポップをコーンポップに変更した。しかし、「シュガー」という言葉を削除しても、砂糖の含有量が変わらない場合も多かった。[7]

あらかじめ甘味をつけたインスタントの朝食シリアルともっと健康的なポリッジとの現代の対立関係を示す好例は、J・K・ローリングのハリー・ポッターシリーズの最初の2巻に見られる。（ローリングは2020年代に物議を醸す人物になった。それにもかかわらず、ハリー・ポッターシリーズは、さまざまな世代の読者に大きな影響を与えている）。『ハリー・ポッターと賢者の石』（松岡佑子訳。静山社）のなかで、朝食シリアルはマグルの世界、つまり魔法学校ホグワーツのある魔法の世界よりもはるかに面白味に欠ける魔法のないパラレルワールドと関連づけられている。物語の始めのほうで、ハリーの甘やかされたいとこ、ダドリーが「かんしゃくを起こし、シリアルを壁に投げつける」場面がある。のちにハリーの親類は、魔法から逃れた先の辺鄙なホテルで朝食を取る。「彼らは古くなったコーンフレークと冷たい缶詰のトマトを翌日の朝食に食べた[8]」。ローリングはコーンフレークを古いものにするだけでなく、ありふれたものにするよう気を配っている。商品名はあえて出さずに、つまらない箱入りシリアルのデフォルトとして提示する。これはホグワーツで出されるおいしい朝食や他の食事の描写とは対照的だ。たとえば、『ハリー・ポッターと秘密の部屋』（松岡佑子訳。静山社）では、彼女はこう書いている。「魔法にかけられた天井の下では、４つの長テーブルに、ポリッジの深皿、ニシンの皿、山盛りのトースト、卵とベーコンの皿が載っていた」[9]。ローリングが物語のなかで伝統的なイギリス料理を強調するのは有名だが、この場面で彼女が言いたかったのは、それだけではない。むしろ、これは子ども時代に十分な食事を与えられなかった少年が自分の夢を実現していくという典型なのだ。朝食の食べもの（ここでインスタントのシリアルではなく、ポリッジが強調されている）は、気分が安らぐ献立であるとともに、量もたっぷりある。ハリーと友人たちは魔法学校で十分に栄養を取れるだろう。

「世界最大のインスタントシリアルメーカー」。絵葉書。

朝食シリアルの会社は架空の世界でも現実でも、増加し続ける人口に対応するために稼働し続けている。20世紀の主要な朝食シリアル企業が、21世紀初頭にも最大手であることに変わりはない。5大企業はケロッグ、ゼネラル・ミルズ、シリアル・パートナーズ・ワールドワイド（アメリカとカナダ以外では、ゼネラル・ミルズとネスレの複合企業）、ペプシコ（クエーカーオーツの現親会社）、ポスト・コンシューマー・ブランズである。2021年の時点でもっとも影響力のある朝食シリアル企業はおそらくケロッグだろう。創業企業のひとつで、今も最大手だ。1980年代、ケロッグはオーストラリア向けにジャストライト、日本向けに玄米フレークなど、欧米以外の国々に積極的に売り込むための商品を開発した。ケロッグのウェブサイトによれば、世界180か国以上で同社のシリアルが販売されているという。実は、ケロッグ社最大の製造工場はアメリカではなく、イギリスのトラフォードパークにある。北米で人気があるシリアルは、オールブラン、ココポップ、フルートループ、フロステッドフレーク、フロステッドミニウィート、ライスクリスピーなどで、カナダではヴェクター、さらにすべての始まりであるコーンフレークも含まれる。世界で人気のケロッグのシリアルは、ドイツのクリンゲル、インドのチョコ、南アフリカのストロベリーポップ、ラテンアメリカのチョコクリスピーなどだ。

ケロッグは世界の朝食シリアルの取引で最大のシェアを誇っているが、ゼネラル・ミルズ

ケロッグの梱包室。ミシガン州バトルクリーク、絵葉書。

とスイス発祥の会社ネスレも、競争市場で大きなシェアを占めている。両社は1990年にシリアル・パートナーズ・ワールドワイドを設立し、それによりゼネラル・ミルズは、別会社のままで世界的に有名なネスレのブランドでシリアルを販売できるようになった。多国籍企業と同様に、シリアル・パートナーズ・ワールドワイドは180以上の国で朝食シリアルを販売している。ゼネラル・ミルズは1856年にミネアポリス・ミリング・カンパニーとして誕生し、その後他の製粉会社と合併して1928年にゼネラル・ミルズとなった。以来、その影響力は拡大し、そのシリアルブランドはケロッグやポストの商品と同じくらい知名度が高くなっている。特筆すべきシリアルは、長年にわたり人気を誇るカウントチョキュラやフランケンベリーといった「モンスターシリアル」、ココアパフ、ラッキーチャーム、ウィーティーズ、とくにチェリオスなどだ。

ネスレは朝食シリアルの会社としてではなく、アングロ・スイス・コンデンスド・ミルク・カンパニーとして1866年にスタートした。その関心はすぐにシリアルに向けられた。もっとも、本来の主力商品である乳製品を補完するものとしてではあったが。ネスレは世界的な舞台ではゼネラル・ミルズよりも大きな存在感を示している。その代表的な世界的ブランドは、ナイジェリアのゴールデンモーン、ジンバブエとガーナのセレヴィタ、ブラジルのネスカウシリアル、イギリスとアイルランドのシュレディーズだ。朝食シリアルの主要な多国籍企業のなかで、ネスレはアメリカ発祥でない唯一の企業である。

アメリカン・シリアル・カンパニーはもともと1877年に設立され、クエーカーオーツ・カンパニーという名でおなじみだったが、2001年にペプシコに買収された。この合併のはるか以前の1893年に、この会社は販売部門をロンドンに移し、20世紀の前半にイギリスとヨーロッパで存在感を高めていた[10]。同社の世界的にもっとも人気のあるシリアルはクエーカーオーツだ。そのクエーカーオートミールのブランドや、初期の驚異的技術を利用したクエーカーパフドライスに加え、キャプテンクランチやライフ、さらには別のポリッジであるクエーカーグリッツも販売している。

21世紀初頭の世界的朝食シリアル企業のトップを務めるのは、もうひとつの元祖であるポストだ。現在はポスト・コンシューマー・ブランズという社名になっている。ポストはその代表とも言うべきグレープナッツ、ココアペブル、フルーティペブル、ハニーバンチオブオーツ、レーズンブラン、シュレッドウィートといったコールドシリアルと、北米市場に向けてポリッジのモルトオミールを製造している。この会社はまた、シリアルのシュレディーズをイギリス連邦とドイツ（ただしイギリスとアイルランドでは、シリアル・パートナーズ・ワールドワイドが製造している）で、オレオオーズを韓国で、100%ブランをカナダで製造している。さらに、ポストのブランドは、ネスレのような世界的に有名なブランドとは

グラノーラの広告。1893年。

7354

「食」の図書館 シリアルの歴史

愛読者カード　キャスリン・コーネル・ドラン 著

＊より良い出版の参考のために、以下のアンケートにご協力をお願いします。＊但し、今後あなたの個人情報(住所・氏名・電話・メールなど)を使って、原書房のご案内などを送って欲しくないという方は、右の□に×印を付けてください。□

フリガナ
お名前　男・女（　　歳）

ご住所　〒　　－

市　町
郡　村
TEL　（　　）
e-mail　@

ご職業　1 会社員　2 自営業　3 公務員　4 教育関係
5 学生　6 主婦　7 その他（　　）

お買い求めのポイント
1 テーマに興味があった　2 内容がおもしろそうだった
3 タイトル　4 表紙デザイン　5 著者　6 帯の文句
7 広告を見て（新聞名・雑誌名　　）
8 書評を読んで（新聞名・雑誌名　　）
9 その他（　　）

お好きな本のジャンル
1 ミステリー・エンターテインメント
2 その他の小説・エッセイ　3 ノンフィクション
4 人文・歴史　その他（5 天声人語　6 軍事　7　　）

ご購読新聞雑誌

本書への感想、また読んでみたい作家、テーマなどございましたらお聞かせください。

料金受取人払郵便

新宿局承認

3556

差出有効期間
2025年9月
30日まで

切手をはら
ずにお出し
下さい

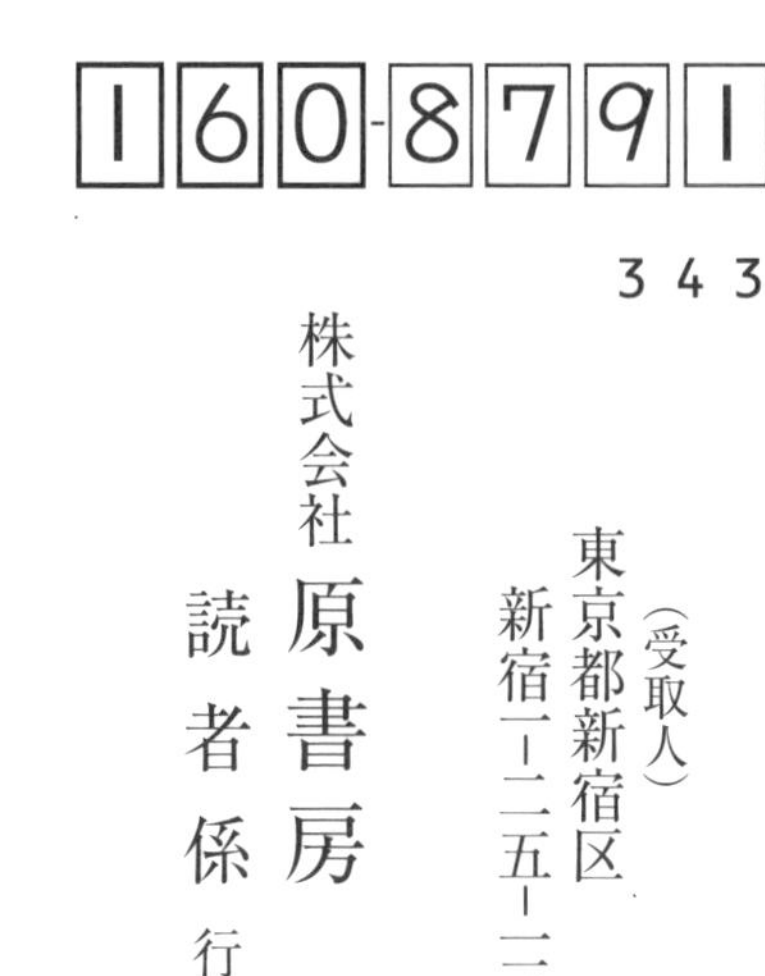

郵便はがき

160-8791

343

東京都新宿区
新宿一-二五-一三

(受取人)

株式会社
原書房
読者係 行

1608791343　　　　7

図書注文書（当社刊行物のご注文にご利用下さい）

書名	本体価格	申込数
		部
		部
		部

お名前　　　　　　　　　　　　注文日　　年　　月　　日

ご連絡先電話番号　□自　宅　（　　　）
(必ずご記入ください)　□勤務先　（　　　）

ご指定書店(地区　　　　)　(お買つけの書店名をご記入下さい)　帳合

書店名　　　　書店（　　　　店）

対照的に、おもに北米を拠点にしているが、目まぐるしい合併や買収ののち、ポストもイギリスでウィータビックスとウィートスを製造している。こういった朝食シリアル企業は、規模のうえではまさにグローバルになっているが、多くの点で、19世紀後半に冷たい朝食シリアル産業を始めた創業者たちと似ている。

ポリッジにしても冷たい朝食シリアルにしても、朝食シリアルはつねにグローバルな存在で、21世紀になってもその傾向は高まっている。北米から東アジア、中東に至るまで、食料品店には多国籍企業が販売促進する朝食シリアルや、さらにはその地域独自の商品名やテーマ、マスコット、フレーバーを持つ地域固有のシリアルの並ぶ棚がある。2015年3月、ワシントン・ポスト紙は、もっとも人気のある朝食シリアルの名を挙げ、世界でインスタントシリアルがいかに普及しているかを記事にしている。たとえばアメリカでは、チェリオス（とくにハニーナットチェリオス）、フロステッドフレーク、シナモントーストクランチ、ラッキーチャームが21世紀になってもなお人気を保っている。その一方でウィーティーズ、トリックス、コーンポップは遅れを取り始めている。世界で人気のある冷たい朝食シリアルは、イギリスのウィータビックス、オーストラリアのウィートビックスとアンクルトビーのシュレッドウィート、韓国のポストのオレオオーズ、ナイジェリアのネスレのゴールデンモーン、オマーンのティミーのフルーツリングなどだ。2010年代後半には、朝食シリアルの売

オマーンのシリアル売り場。ティミーのチョコポップとフルーツリングにアラビア文字が印刷されている。

り場がある食料品店は、世界中に遍在するようになった。たとえば、オマーンの首都マスカットのシリアル売り場に行けば、ケロッグのライスクリスピーやクエーカーオーツのキャプテンクランチ、ティミーのチョコポップやフルーツリングなど、欧米で食べられているのと同じ朝食シリアルを数多く目にすることができる。

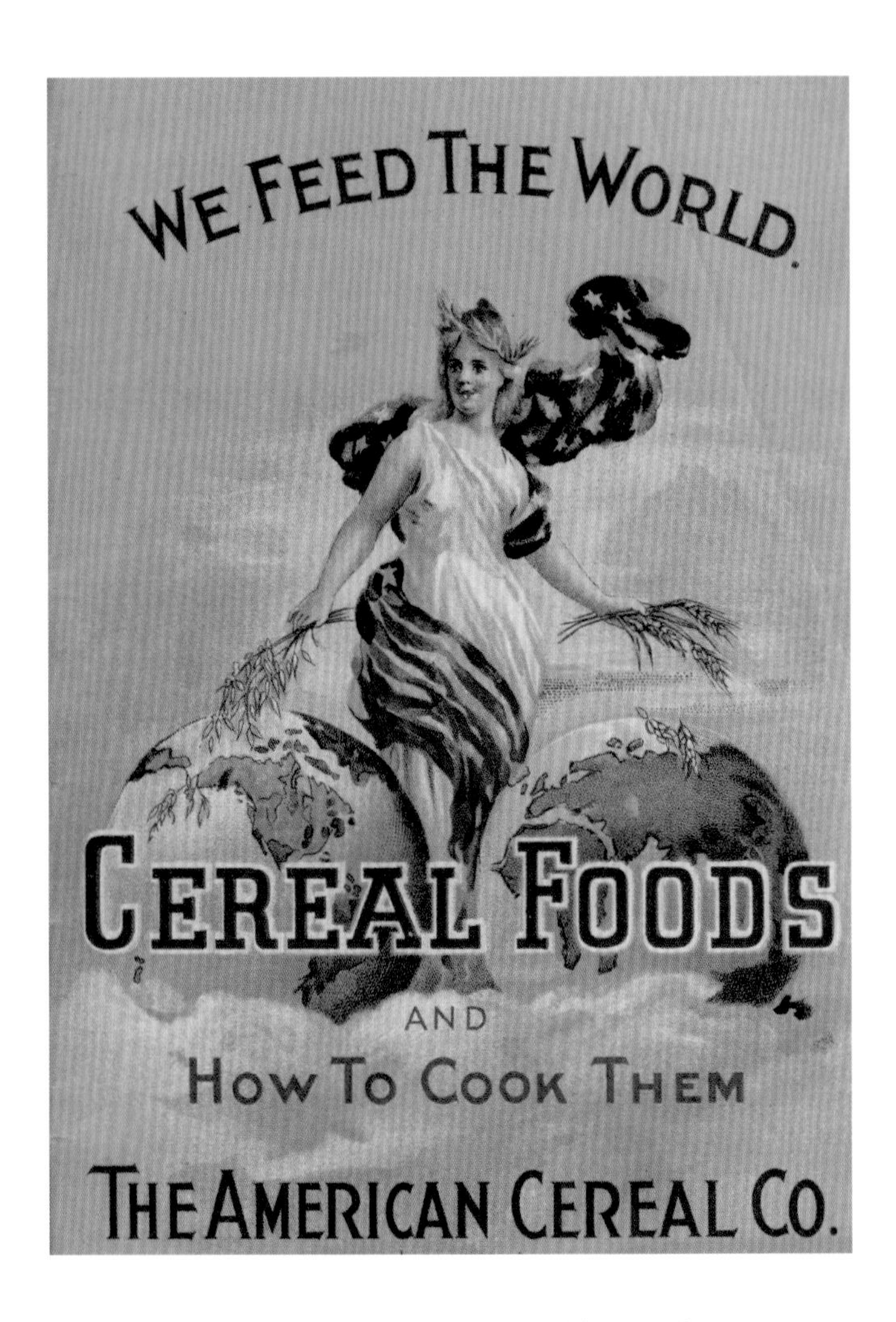

アメリカン・シリアル・カンパニーの広告。1880年頃。

第4章◉マーケティングと朝食シリアル

お願いです……もう少しください。

――チャールズ・ディケンズ『オリヴァー・ツイスト』(加賀山卓朗訳。新潮社)

冷たい朝食シリアルは健康食品として始まったが、当初から、歴史上もっとも激しい売り込みがなされた食品のひとつだった。シリアル企業は、大衆にもっとシリアルを食べたいと思わせようと多大な努力を払ってきた。こういったシリアル人気と、さらにはマーケティングとの根本的な関係は、イギリスの作家、H・H・マンローがサキというペンネームで1911年に書いた風刺小説に描かれている。『フィルボイド・スタッジ』(『クローヴィス物語』所収。和爾桃子訳。白水社)というこの物語には、架空の朝食シリアル、ピペンタが登場する。ピペンタはフィルボイド・スタッジとブランド名を変更して成功する。このシリアルは健康そうな赤ちゃん、といったポジティブなイメージと関連づけるのではなく、地獄や「失われた魂」に対する消費者の恐怖を利用した宣伝を行う。物語のなかの広告には、「彼らはもうそれを買うことができない」という残念そうな文言が記されている。一方、サキは、登場人物のマーク・スペイリーが「人々は喜びのためにはけっしてしないことでも、義務感からならするものだという事実を把握していた……それは新しい朝食の食べものについても同様だった」としている。物語は別の登場人物が、フィルボイド・スタッジの優位性は「もっとまずい食べものが市場に出回れば、すぐに危うくなるのではないか」と心配するところで終わる。[1] 朝食シリアルとそのマーケティングについて誇張しつつユーモラスに描いた『フィルボイド・スタッジ』だが、この物語から、20世紀初頭には朝食シリアルがすでに登場していたことが窺える。ジョン・ハーヴェイ・ケロッグ、C・W・ポスト、マクシミリアン・ビルヒャー＝ベンナーが開発したコールドシリアルは、その頃には道徳的にはご立派だが「まずい」ものだと嘲笑されていた。

グレープナッツを作ったC・W・ポストは、「アメリカの広告の開祖」だった。[2] 彼のマーケティング努力のおかげで、朝食シリアルはアメリカ、ヨーロッパ、そして最終的には世界の朝食の必需品となった。ポストは、代用コーヒーのポスタムから朝食シリアルの「イラジャズ・マナ」（のちのポスト・トースティー）、グレープナッツに至るまで、自社の製品を食べることで得られる数々の健康効果を主張した。ポストは包装に宣伝文句を載せるなど、あらゆる機会を利用して製品を売り込んだ。最初期のグレープナッツの箱には、「完全調理済み、

クエーカーパフドライスを食べる子ども。1918年頃。

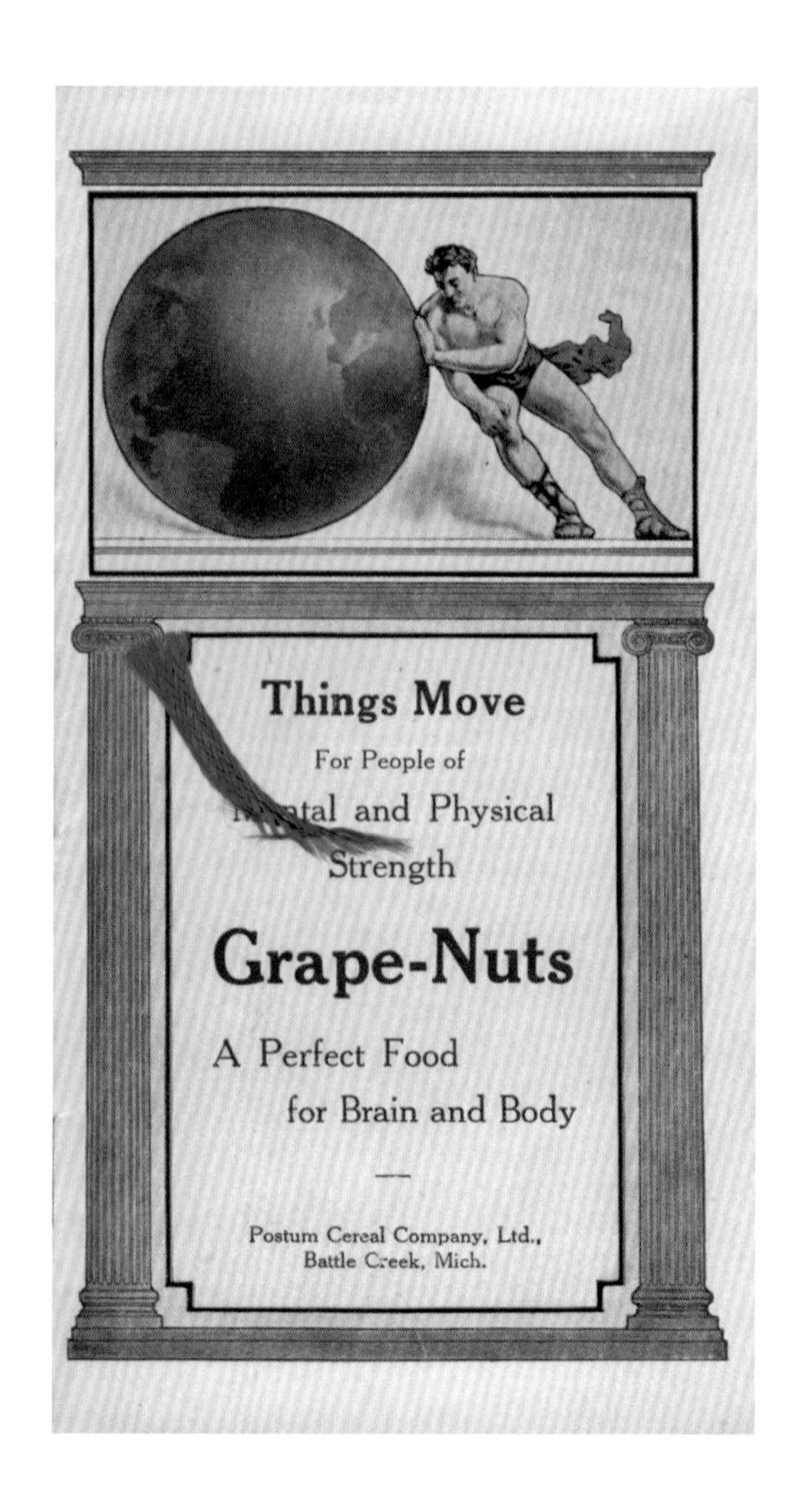

グレープナッツの広告。1920年頃。

消化によい、朝食用食品、グレープナッツ、脳と神経中枢によい食品」などと記されていた。ポストはまた、全国の新聞に定期的に広告を掲載し、医学的なテーマを扱ったかと思えば、別の広告では罪悪感に訴えたり、気取らない語り口を用いたり、と工夫を凝らした。世紀末に発刊されたサクセス誌は1903年の注目すべき広告主はC・W・ポストだとしている。その年、ほぼ毎月にわたり、雑誌はポスト社のグレープナッツの広告を掲載した。創業間もない頃、ポストは広告費に頭を悩ませ、兄弟に宛てた手紙に、1896年だけで広告に981・78ドルを費やしたと書いている。しかし、彼は多額のマーケティング費用を忍耐強くかけ続け、最終的に彼の直感の正しさが証明された。公式データによると、1897年、ポストは自社製品を約26万2280ドル売り上げた。この金額は2020年のUSドルに換算すると、820万ドルに相当する。これは1898年に主力製品であるグレープナッツの特許を取得するより前の話だ。

ポストはパッケージ入り朝食シリアルを発売した初期の時代から積極的な宣伝を繰り広げ、いくつかの販売促進形態を開拓したが、それは彼が最初ではない。朝食シリアルの宣伝活動を初めて行ったのは、クエーカーオーツの創業者ヘンリー・クローウェルで、彼は自社のパッケージで革新的な宣伝を行った。ポストやケロッグに数十年も先立つ1877年、クローウェルは押しオーツ麦の箱にひと目でクエーカー教徒だとわかる人物の姿を描いてトレードマークにし、製品のイメージを確立したのだった。食品を包装したのは、健康にかかわる理由からだった。１８７０年代から80年代にかけて細菌についての知識が広まり、包装された食品のほうが密封されていない穀物よりも安全と考えられるようになっていたのだ。クローウェルが考案する以前は、食品その他の製品のパッケージには商品名とおそらくはスローガン程度のことしか書かれていなかった。クローウェルのパッケージには、ブランド名と商品についての情報に加え、人目を引く絵が描かれていた。クローウェルのクエーカー教徒の絵は、誠実さや純粋さを連想させ、ベンジャミン・フランクリンに代表されるアメリカ建国初期の人々への郷愁を誘うものだった。クエーカーオートミールが19世紀後期の人気食品になったのは、クローウェルのマーケティング戦略によるところが大きかった。そしてその人気はいまだに衰えていない。

やがてシリアル会社は、今では当たり前になっている、色鮮やかな厚紙製のシリアルボックスを開発した。できるだけ人目を引き、記憶に残り、情報を提供できるようにすることが目的だ。シリアル会社はインスタントシリアルの箱の表面に、そして最終的には箱のなかに、お楽しみを提供することで消費者の心をとらえようとした。ジョークや漫画、子ども向けのゲーム、あるいは短い物語などが印刷された。ひょっとしたらこれは、ポストが初期のグレープナッツで行った、シリアルの箱に宣伝用資料や健康効果を印刷するパターンの発展形と

クエーカーオーツの広告。1930年代。

言えるのかもしれない。パズルやクロスワードその他のゲームもシリアルの箱に印刷された。だが、この傾向は20世紀後半にはほとんど姿を消した。テレビや、もっと最近では携帯電話の普及により、消費者に娯楽を与える競争相手が多数出現したからだ。しかし、2014年にゼネラル・ミルズはアメリカで、ノスタルジックなシリアルボックスに入ったチェリオス、ハニーナットチェリオス、ラッキーチャーム、ココアパフ、シナモントーストクランチを発売している。箱の表にレトロなデザインを施しただけでなく、裏面には1950年代から1990年代のシリアルの箱にあったような、ゲームやパズルが印刷されていた。キャンペーンの一環として、ゼネラル・ミルズは同様に懐かしい、スクラブル、クルー(クルード)、パチーシ、リスクといったハズブロ社のボードゲームの購入に使える5ドルクーポンも同封した。家族が食卓で一緒にシリアルを食べ、同様に一緒に座ってボードゲームをする、というコンセプトから、シリアルとボードゲームという、このふたつの会社が提携することになったのである。[3]

朝食シリアル会社はまた、製品の宣伝に役立つマスコットも創り出した。朝食シリアルの最初のマスコットは、1902年にフォースというシリアルのために開発された。これは小麦をベースにしたフレークシリアルで、北米やのちにはヨーロッパの朝食シリアル市場で、グレープナッツ、コーンフレーク、シュレッドウィート、クリームオブウィートなどと競合

マスコットのサニー・ジムが描かれたフォースの箱。1930年代頃。

した。このキャラクターはサニー・ジムという漫画の人物だった。『シリアル化するアメリカ　アメリカの朝食シリアルの甘くない話 *Cerealizing America: The Unsweetened Story of American Breakfast Cereal*』の著者、スコット・ブルースとビル・クロフォードはこのキャラクターを、「トップハットと、ハイカラーの赤い燕尾服を身につけ、髪をおさげにしてステッキを持っている気取った老紳士」と形容している。ミニー・モード・ハンフは、サニー・ジムの広告に合わせてコマーシャルソングを作った。これも朝食シリアルが最初である。不幸で不運な男、ジム・ダンプスが「フォース」を食べ始めると、「『サニー・ジム』と呼ばれる陽気な人物に変わった」というものだ。[4] クエーカーの場合と同様に、サニー・ジムは広く認知されるキャラクターとなった。このフォースの作戦は大好評を博し、架空のサニー・ジムは有名人になった。フォース社にとって唯一の問題は、それ以後のマーケティング作戦で知られるように、サニー・ジムというキャラクターが実際にはフォースの売り上げに貢献しなかったという点である。シリアルはあまり売れないままだった。フォースはアメリカでは早々に人気を失い、1920年代にはケロッグ、ポスト、クエーカーの競争相手にはならなかった。しかし、イギリスではこのシリアルは2010年代まで長く人気を保ち、サニー・ジムはこのブランドのマスコットであり続けた。

もうひとつの有名な例は、スナップとクラックルとポップだ。ケロッグ社の朝食シリアルの最初のマスコットである。彼らは１９３３年にライスクリスピーの宣伝に登場した。彼らの名は、ライスクリスピーに牛乳を加えた際に発する音を表したものだ。ケロッグ社のウェブサイトによると、１９５０年代に広告のスペイン語版ができたことでアロストスタディート［スペイン語圏で販売されたライスクリスピーの商品名］を世界市場に売り出すことに役立ったという。１９５２年のトニー・ザ・タイガーを使った宣伝（彼が「シュガーフロステッドフレークはグ〜レイト！」と宣言する）に見られるように、やがてマスコットは合衆国のみならず世界中にあふれた。このスローガンはおそらくアメリカ国内でシリアルそのものよりも有名になった。マスコットは国や地域によってもさまざまだ。イギリスでは、ウィータビックス・フード・カンパニーがウィートスというチョコレート味の朝食シリアルを開発したが、そのキャラクターがウィート教授だ。実験用白衣を着た年配の科学者で、彼が宣伝するシリアルが健康によいという考えを強調するのに役立った。彼は１９９０年代から２０１０年までウィートスのマスコットを務め、その後、もっとありふれた漫画のキャラクターであるウィートに交代した。ラテンアメリカでは、ケロッグのチョコクリスピーといえば、キャラクターはゾウのメルビンだ。スイスの企業、ネスレは、ヨーロッパとラテンアメリカでチョカピックというチョコレート味の朝食シリアルを販売しているが、そのマスコットはピコという名のイヌだ。同じシリアルがアジアと中東のほとんどの地域ではココクランチと呼ばれていて、マスコットはコアラのココだ[5]。

朝食シリアル会社のマーケティング戦略はマスコットだけではなかった。20世紀初頭、C・W・ポストはグレープナッツの箱のなかに「ウェルヴィルへの道」と題した小冊子を入れた。そこには彼自身が冷たい朝食シリアルを食事に取り入れて健康を回復した話が詳述されていた。他のシリアル会社もそれに倣い、インスタントシリアルの箱に物語やレシピを入れるようになった。1870年代、クエーカーオーツの親会社だったアメリカン・シリアル・カンパニーは、朝食シリアルだけでなく「クエーカーブレッド」といった他の自社製品の調理

The Road to Wellville

EXERCISE LANE

FOOD AVENUE

IF YOU have the slightest ambition to "Do things" in this world, to enjoy the keenest delights of Power, Money, Fame, and the perfect poise of Health, by all means get your feet on the "Road to Wellville."

Published by
POSTUM CEREAL CO., LTD.,
Battle Creek, Mich.
COPYRIGHTED

「ウェルヴィルへの道」、宣伝用パンフレット。1900年頃。

にも役立つレシピ本を提供した。

のちの１９２０年代、クエーカーオーツはシリアルの筒型容器上に取りつけるよう設計された水晶ラジオのセットを、購入証明書2枚と1ドルを送った１００万人以上の顧客に提供した。19世紀後期から20世紀初頭にかけて朝食シリアルのマーケティングの一部だったクーポンやレシピ本の封入に代わって、コレクターズアイテムがマーケティングの仕掛けになり始めた。シリアルボックスの最初のおもちゃのおまけは、１９４５年にケロッグがペップというシリアルに入れたピンバッジだった。やがて、射出成形［プラスチックなどの材料を加熱して溶かし、金型に流し込んで成形する方法］によって比較的小さなプラスチックのおもちゃを安く簡単に作れるようになると、以後、シリアル会社にとって可能性はほぼ無限となった。小さなプラスチック製の船や車、ピンボールマシンや笛などが、欧米の初期のシリアルボックスのおまけとして人気を博した(6)。

１９２６年、初めての試みとして、ウィーティーズを宣伝する「歌うコマーシャル」が作られた。ゼネラル・ミルズの本拠地であるミネソタ州ミネアポリスのラジオ局ＷＣＣＯで、「ウィーティーズを試してみた？」という歌が流れたのだ。さらに、１９４０年代から50年代にかけてアメリカのＣＢＳラジオで放送された番組、『メロディーランチ』では、「元祖歌うカウボーイ」のジーン・オートリーがクエーカーの歌を歌った。これはラジオコマーシャルの草分けで、最終的にはテレビコマーシャル、2020年代にはインターネットやソーシャルメディアを使った広告へとつながることになる。[7]

1932年にはシカゴのラジオ局が、少年スキッピーがさまざまな冒険を繰り広げる番組を開始し、その途中にウィーティーズのコマーシャルを入れた。しかし、この番組が物議を醸すこともあった。1932年に、ある放送回がお蔵入りになったのだ。その回では、スキッピーの友人のひとりが誘拐される。不運なことに、その放送と同じ週に、1927年に太平洋単独横断飛行で世界的名声を博したチャールズ・リンドバーグの息子、チャールズ・オーガスタス・リンドバーグ・ジュニアが誘拐され、身代金を要求された。大衆は熱心に「リンドバーグ・ベイビー」の物語を追いかけ、子どもが無事に戻ることを願ったが、リンドバーグ夫妻が身代金を払った

シリアルボックスに入れられた子どものおもちゃ。マーケティング手法としてよく使われた。

にもかかわらず、チャールズが両親のもとに帰ることはなく、のちに誘拐されてすぐに殺害されていたことが判明し、人々を落胆させた。当時、この事件への配慮から放送中止にせざるをえなかったのは当然のことだろう。[8]

ラジオコマーシャルがテレビや映画の広告につながっていくのは必然だった。ブルースとクロフォードは、1949年にアメリカの広告会社の幹部、ウィリアム・モリスが語った「テレビには原爆なみの威力がある」という言葉を引用している。朝食シリアルの会社は、世界最大のマーケティング担当者として、発展しつつある技術を最大限に利用しようと考えた。1948年にケロッグの広告代理店が制作した『ザ・シンギング・レディ』は、シリアル会社が初めてスポンサーとなったテレビ番組で、同名のラジオ番組を発展させたものだった。1950年代には、『ハウディ・ドゥーディ』や『スーパーマン（ジョージ・リーヴス版）』といった人気番組が、番組内で特定の朝食シリアルを宣伝した。1960年代初頭には、テレビアニメの人気者、ブルウィンクル・ムース（のんきなムース）が、ゼネラル・ミルズのシリアル、トリックスのマスコット、トリックス・ラビットを宣伝し、このウサギはブルウィンクルが登場するアニメーション番組『ロッキー君とゆかいな仲間』にも登場した。一方、アジア太平洋地域は朝食シリアル市場として急成長しており、2010年代にはオーストラリアのシリアル、ウィートビックスが、有名な中国のテレビドラマ『歡樂頌』に登場したのをきっかけに、中国で人気を博した。こういった傾向は、朝食シリアルが中国や他のアジア太平洋地域に積極的に売り込まれることで、将来ますます強まると考えられる[9]。

ほかにも、イベントのスポンサーになる、ライセンス契約を結んで人気の子ども番組のキャラクターやミッキーマウスといったキャラクターを使用する、といった宣伝方法がある。アメリカでは、ウィーティーズの親会社、ゼネラル・ミルズが1930年代に持続的なマーケティング戦略を編み出した。ミネアポリスのマイナーリーグの野球の試合のスポンサーになり、「ウィーティーズ――チャンピオンの朝食」と書いた看板を掲げたのである。1935年にはポスト・トースティーがライセンス契約を結んで、ミッキーマウスをシリアルボックスやコマーシャルに登場させた。しかしミッキーマウスは世界中の顧客が目にするマーケティングキャンペーンに登場した数多くの有名キャラクターのひとつにすぎない。1982年には、ビデオゲームをテーマにした最初のシリアル、ドンキーコングが製造された。サウジアラビアのシリアル会社スウィートゥーンは、2010年代に地域限定でソニック・ザ・ヘッジホッグのシリアルを製造している。一方、ソニック・ザ・ヘッジホッグはケロッグのフロステッドフレーク（イギリスではフロスティ）、ゼネラル・ミルズのチェリオスともタイアップした。また、ポケモンはゼネラル・ミルズのシリアルの宣伝に使われた。ゲーム「ギターヒーロー」が人気絶頂だった2000年代には、ケロッグのシリアル

おそらくもっともカラフルな砂糖入り朝食シリアル、フルートループ。

の宣伝に使われ、「アングリーバード」はココアクリスピーと、「スカイランダーズ」はゼネラル・ミルズのシリアルとタイアップしている。最近ではファンコポップというフィギュアが人気のファンコ社が、ノスタルジックなシリアルを販売し、ファンコのフィギュアと抱き合わせて、一種の逆転したマーケティング戦略を行っている。この場合、フィギュアのおまけとして、朝食シリアルがついてくるのだ。(10)

朝食シリアルの会社は、テレビという新たなテクノロジーの人気、とくに、土曜日の朝のアニメ番組を利用して、朝食シリアルを直接子どもたちに売り込んだ。ヘザー・アーント・アンダーソンによると、「ひとたびテレビが主流になると、朝食シリアルは土曜日の朝のアニメの間に宣伝されるようになった。この時間、子どもたちはテレビに釘づけになるだけでなく、大人の監視の目がない可能性も高かった[11]」。世界中で、企業は砂糖入り朝食シリアルも含め、食品や飲料を大人よりもむしろ子どもや青少年に向けて売り込んできた。1970年代、砂糖入りのシリアルその他の食品の摂取が子どもの肥満につながるという研究結果が発表されると、アメリカ連邦取引委員会は、企業が砂糖入りインスタントシリアルの宣伝に漫画のキャラクターを使用することをやめさせようとしたが、失敗に終わった。2009年には人気キャラクターを子ども向けの砂糖入りシリアルに使用することを自主的にやめるよう企業に働きかけたが、これも失敗に終わっている。朝食シリアルの会社による自主規制は、南北アメリカでもヨーロッパでも、ほとんど成功していない。

インターネットという新たなテクノロジーの発達により、砂糖入りの食品や飲料を子ども向けに宣伝することの規制はますます難しくなっている。イギリスの広告慣行委員会は、脂肪、塩分、糖分を多く含んだ食品の子どもに向けた売り込み禁止に、インターネットといった「非放送メディア」も含めている。2010年代、アメリカでは農務省（USDA）が全国学校昼食プログラムの一環として、地域学校健康政策を制定した。その結果、地域の教育機関は子どもの肥満を減らすために、学校給食の基準に関するガイドラインを制定しなければならなくなった[12]。

21世紀に入ると、ソーシャルメディアの人気に伴い、マーケティング戦略はさらに派手なパフォーマンスを含むようになった。2011年、広告代理店のデア・バンクーバー社が計画したプロモーションは、カナダのバンクーバーの路上で、高さ6メートルもある朝食シリアル、クランチーオーズの箱を開くと、「おまけのおもちゃ」として本物のホンダ・シビックが現れるというものだった。このホンダの宣伝は、朝食シリアルのマーケティングの特性を利用したものだ。2013年、中東・アフリカ地域のケロッグ社がスポンサーとなったイベントで、ドバイは「最大のシリアル朝食」というギネス記録を打ち立てた。総勢

シリアル・キラー・カフェ。ロンドン。

1354人がケロッグのシリアルを一緒に食べたのだ。同じイベントで、ケロッグ社は最大のシリアルボックスの記録と、群衆を座らせるもっとも長いテーブル（301メートル）の記録も樹立した。2016年には、ダヘル・インターナショナル・フード・カンパニーとポピンズ社がスポンサーになって、レバノンのザーレで行われたイベントで、1852人のギネス世界記録が達成された。

もっと最近では、2021年にウィータビックスが、イギリスの伝統料理である豆を載せたトーストをまねて、ウィータビックスにハインツの豆を載せた画像をツイッターに投稿し、ネット上にセンセーションを巻き起こした。多くの著名人や、さらには他の食品会社が、伝統的な朝食シリアルを斬新な方法で調理したことについてツイッターで意見を述べた。そういったすべてがよい宣伝になるため、この無料の広告はウィータビックスにとってもハインツにとっても有益だったに違いない。こういったことは、スポーツや他のコミュニティに根差したイベントに協賛したり、さらには第二次世界大戦で兵士にシリアルの箱を送ったり、エドモンド・ヒラリーのエベレスト登頂のような冒険の際に送ったりするなど、ある程度行われてきた手法だ(13)。

ビジネスマーケティングと、ひょっとしたらアートインスタレーションの境界線をまたいで、2010年代に、食事の新たなトレンドが登場した。朝食シリアルカフェだ。

2014年に、シリアルをテーマにした、シリアルキラーというレストランがロンドンにオープンし、おもに大人の客に、さまざまな郷愁を誘うインスタントの朝食シリアルを提供している。ほかにもシリアリティ（テキサス州ヒューストン）、ミックス・ン・マンチ（カリフォルニア州パサデナ）、ブラック・ミルク・シリアル（イギリス、マンチェスター）、シリアル・ラヴァーズ（スペイン、マドリード）、ポップ・シリアル・カフェ（ポルトガル、リスボン）、ボル・アンド・ベーグル（フランス、クレルモンフェラン）、シリアル・エニータイム（オーストラリア、メルボルン）、シリアル・キラーズ・サウスアフリカ（南アフリカ、ダーバン）といったカフェがある。これらの飲食店が一時的な流行なのか、それとも食事やひそやかな「第3の空間」（自宅でも職場でもない場所）という新たなトレンドとなるのかは、まだ不明だ。

「誰かが私のポリッジを全部食べちゃった！」フローラ・アニー・スティール『夜ふけに読みたい奇妙なイギリスのおとぎ話』（平凡社）より。アーサー・ラッカム画。

第5章◉芸術と文化に登場した朝食シリアル

この黄色の色合いは、私が2歳のときに着ていた服の色と同じで、ゆでたコーンミールのようだった。母はいつもコーンミールを、形を変えて（ポリッジにしたり、昼食の炭水化物のフンジーとしてだったり）なんとか食べさせようと躍起になっていた。コーンミールは安くて、簡単に手に入ったからだ……

――ジャメイカ・キンケイド『あるドレスの記 *Biography of a Dress*』

シリアルはつねに文化において重要な地位を占め、高尚な芸術にも大衆芸術にも登場してきた。ポリッジは古代から文化のなかで描写されてきたし、すぐに食べられる朝食シリアルは、瞬く間に芸術のなかで描写され、風刺され、批評されるほど、象徴的で典型的なものとなった。ジャメイカ・キンケイドは短篇『あるドレスの記』（1992年）のなかで、子どもも時代のポリッジを、習慣や伝統や貧困と関係づけている。[1] 子どもに対する母の愛情は食物の選択に表れていて、母は娘に健康によいポリッジを与えている。しかし娘は、朝食のポリッジにも、昼食のフンジーにも使われるコーンミールに反抗したがっている。彼女は肉や、母親には入手困難な高価な食べものに憧れる。本章では、シリアル（ポリッジやインスタントのシリアル）が芸術や文化にどのように組み込まれてきたのかを、ごく一部ではあるが紹介していこう。地域を象徴するシリアルは、世界中の文学、視覚芸術、祭りその他の活動で表現されている。

◉文学

カナダの作家、マーガレット・アトウッドはディストピア小説、『マッドアダム *MaddAddam*』（２０１３年）で悲惨な未来を描いている。小説のある場面で、登場人物がチョコ＝ニュートリノというインスタントの朝食シリアルを懐かしく思い出す。「チョコレートの原料が世界的不作に見舞われたのち、子どもたちの口に合う朝食シリアルを作るために必死の努力がなされた。焦がした大豆が入っていると言われていた」。冷たい朝食シリアルがどのように加工されているかについては、あとの場面でも描写される。「チョコ＝ニュートリノがボウルのなかに入っている。小石のようで、茶色く、異質な外観で、火星から来た砂粒のようだ。昔の人はいつもこんなものを食べていたのだ、と彼女は思う。それが当たり前だったのだ」。このシリアルは好んで食べられるようなものではないが、その箱を見つけた登場人物にとっては、その存在そのものが郷愁をそそる。一方、アトウッドの最初の小説『食べられる女』（大浦暁生訳。新潮社）では、主人公は朝食の支度に時間をかけられず、そのために予定していた朝食が取れなくなる。「卵はあきらめて、牛乳と冷たいシリアルを流し込む。これでは昼食までにお腹が空いてしまうと思った」。ここでは朝食シリアルは郷愁を誘うものではなく、むしろ失望させるものだ。主人公は朝食、つまり1日の最初の重要な食事となるはずのシリアルを食べているときから、この先に空腹が待っていることを予感しているのだ。勇気づけるように、アトウッドは朝食愛について語っている。彼女によれば朝食は1日のうちでもっとも「希望に満ちた」食事だという。朝食を取っているとき、私たちは「どんな残虐な出来事に見舞われるかをまだ知らない」からだ。アトウッドの朝食体験には、たとえ皮肉まじりであっても明るい無邪気さがあり、この概念は彼女の小説のなかである程度異議を唱えられたり、手直しされたりする。(2)

地球の裏側では、オーストラリアの小説家、リアーン・モリアーティが、『アリスが忘れたこと *What Alice Forgot*』（２００９年）のなかで、ウィートビックスをオーストラリアの朝食シリアルの典型で、それゆえに興味をそそられない、と描写している。この本に登場するアリスは、自分という人間に不満を抱いている。「両親が移民で、違うアクセントだったたらよかったのに。アリスはバイリンガルだっただろうし、母親は自分でパスタを作れただろうに。その代わりに、彼らはごくありふれた郊外に住むジョーンズ一家なのだ。ウィートビックスと同じくらいつまらない」。オーストラリアの中流階級に反抗してもっと面白い生活を送るためには、朝食にウィートビックス以外のシリアル、おそらくは風味のよいポリッジを食べなければ、と彼女は想像する。だが、この登場人物はそうはしない。同様に、モリアーティの後年の小説、『死後開封のこと』（和爾桃子訳。東京創元社）では、ある母親が毎年娘の命日に娘を追悼する。これは何年も続いている。

彼女は時計に目をやった。まだ午前8時を過ぎたところだ。今日という日が終わるまで、まだ何時間も耐えなければならない。28年前のこの時間、ジェイニーはまさに人生最後の朝食を取っていた。おそらくはウィートビックスを半分。彼女は朝食が好きではなかった。

この場合、ウィートビックスがどこにでもあるものだということが悲劇を増幅させ、一種の哀愁を生じさせている。朝食シリアルは心休まるものにはならず、死んだ愛娘の最後の朝食について考えるのは、長い年月を経ても明らかにつらい。ウィートビックスの朝食がありふれているだけに、とくに心が痛み、そのありふれていることが悲劇に拍車をかけるのだ[3]。
ポリッジは世界の文学に数多く登場する。アメリカでは連邦時代の初期に、イギリスに対して新国家を特徴づける手段として、トウモロコシをベースにしたポリッジが国家の文化的意義を持つものとなった。こういったポリッジは朝食に食べることが多かったが、1日の他の時間帯にもよく食べた。ジョエル・バーロウは、擬叙事詩［英雄文学の古典的で陳腐なステレオタイプを模した風刺詩］『ヘイスティ・プディング *The Hasty-Pudding, A Poem*』（1796年）のなかで、トウモロコシのポリッジについて描写している。

まずは椀にたっぷりと牛乳を注ぐ
それから銀色の湖にプディングを注意深く落とす
プディングのかけらは、最初は姿を隠す
その小さな塊はふくれ上がる流れの下に隠れる
だが塊が大きくなると、もはや沈みはしない
そうすると柔らかな島が縁の部分に現れる
あとは自分の手を確認せよ。あなたは自分の分け前を手に入れた
私たちは先祖からそう教えられてきたし、彼らが教えたことは真実だ[4]

A・&C・カウフマン『朝食』。1873年、多色石版刷り。

この詩は、アレキサンダー・ポープのスタイルを踏襲した擬叙事詩で、バーロウは一見トウモロコシのポリッジを喜んでいるようだが、実はそうではない。とはいえ、トウモロコシのポリッジが独立直後のアメリカで代表的な基本的食物としての地位を確立していたことは事実だ。トウモロコシをベースにしたヘイスティ・プディングは、独立戦争時代の歌、「ヤンキー・ドゥードル」でも有名になった。この頃から、ヘイスティ・プディング、グリッツ、ホミニーといったトウモロコシのポリッジは、とくにアメリカ、それもとりわけ南部の州と関連づけられることになる。

トニ・モリスンは『ソロモンの歌』(金田眞澄訳。早川書房)の終盤で、主人公の不安を彼の食欲を通して表現している。「彼は空腹だったが、ヴァーネルが出してくれた朝食をあまり食べることができず、皿に載ったスクランブルエッグ、ホミニー、揚げリンゴをつつき回し、コーヒーをがぶ飲みし、大いにしゃべった」。ホミニーは卵やリンゴなどと同じく伝統的な朝食の一品だ。しかし主人公は、この小説の重要な場面で、心安らぐはずの朝食の食べものに食欲がわかない。国家の黎明期におけるトウモロコシのポリッジの描写と同様に、この小説で描写されるホミニーは、その地域性を考えると重要なものである(5)。

ラテンアメリカでも、ポリッジに使うもっとも重要な穀物はトウモロコシだ。よって、おそらくラテンアメリカでもっとも有名な詩人であろうチリのパブロ・ネルーダが「トウモロコシへのオード（頌歌）*Ode to Maize*」を書いたのも驚くには当たらない。この詩のなかで、彼はトウモロコシが何千年もの間、文明を健全に保ってきた食品に変化するまでの過程を称えている。「牛乳と物質／力を与え、栄養価が高い／どろどろのコーンミール／あなたは黒い肌の女性たちの／驚くべき手によって／加工され形作られた」。この詩は、ホミニーのような朝食シリアルも、他のトウモロコシを使った料理も、古代からそれを調理してきた先住民の女性のことも称えている。ネルーダの詩は、必ずしもトウモロコシのホミニーの朝食に焦点を当てているわけではないが、彼のトウモロコシ頌歌が重要であることに変わりはない。このテーマは多くのラテンアメリカの文化に見られる[6]。

一方、中国の小説には、米をベースにしたポリッジ、コンギーが登場する。中国4大名著のひとつ、曹雪芹による『紅楼夢』は1791年に初版が出たが、そのなかである女性がコンギーや他の繊細な食べものを用意して、苦悩する男を慰める。「王熙鳳は……すばらしいコンギーやおいしい料理を自分の邸宅で用意させ、彼の食欲がわくように届けさせたのだった[7]」。この場面では、コンギーは現在の中国のコンギーと非常によく似た形で描かれている。コンギーはほっとする食べもので、ポリッジのように朝食として食べたり、体調が悪いときには1日のどの時間帯にも食べられる。

子ども向けの物語や詩にも、しばしば重要なテーマとして朝食シリアルが登場する。イギリスのおとぎ話、『ゴルディロックスと3匹のクマ *Goldilocks and the Three Bears*』はロバート・サウジーのオリジナル、『3匹のクマの物語 *the Three Bears*』（1837年）に基づく話だ。オリジナルでは、少女ではなく老女が3種類のポリッジを味見する。3番目のクマのポリッジが「ちょうどいい」のはよく知られている。もとの物語では、クマたちが出かけるのは散歩するためで、ボウルに入ったポリッジを食べごろに冷ますためでもあった。この物語は英語でもっとも有名な話のひとつだ。

チェコには親子で楽しむ手遊び歌がある。イギリスの手遊び歌「この子豚さん」と似たもので、「お母さんネズミがポリッジを作った」という歌だ。「お母さんネズミがポリッジを作った／小さな緑の鍋で」と歌ってから、ポリッジをもらった子ネズミを1匹ずつ数えていくが、最後の子ネズミはポリッジをもらえず、代わりに砂糖を求めて食器棚に駆け込む。この歌の言葉に合わせて指を動かす。まず大人が子どもの手のひらの上で、ポリッジをかき回すように指で円を描く。それからポリッジをもらう子ネズミを表す指をつかんでいく。4本目の指、つまり最後のポリッジをもらえないネズミに到達すると、大人は指をくねくねと動かして子どもの腕を上っていき、脇の下をくすぐる。(8)

◉視覚芸術

朝食シリアルは長年にわたり文学に限らず、文化のうえで重要な役割を担ってきた。視覚芸術も同様に、朝食シリアルの重要性に関心を抱き、シリアルとそれにまつわるものを使ったり、シリアルに本来とは別の意味を持たせたりしている。1960年代、アンディ・ウォーホルはケロッグのコーンフレークのアートインスタレーション（木板にシルクスクリーン）を、ハインツのケチャップのアートシリーズと併せて制作した。キャンベルのスープ缶のシリーズと同じく、彼はアメリカの代表的な朝食シリアルを繰り返し表示することで、大量生産と商品化についての考えを表明したのだ。実際、ブランド名そのものが、さまざまな意味で彼の作品の主題になっている。

21世紀のニューヨークを拠点に活動する芸術家、サラ・ロサドは、朝食シリアルを使って、肖像画などのアートを制作している。ウォーホルの作品と同様のテーマで、ロサドはコーンフレークを使ってビヨンセ、フルーティペブルを使ってニッキー・ミナージュといった具合に、有名人の肖像画を制作した。朝食シリアルを使った芸術作品では、ほかにカナダ、オンタリオ州出身のモホーク族の芸術家、グレッグ・A・ヒルの作品がある。彼は完全防水の朝食シリアルの箱でカヌーを作り、「リドー運河を行く、オタワからカナタへ」と題したアー

ジャン＝フランソワ・ミレー『ポリッジを冷ます』。1861年、エッチング。

トインスタレーションでこのカヌーを漕いだ。カナダのストリート・アーティスト、エリクサー・エリオットもシリアルの箱を媒体としている。彼がシリアルの箱に描いた絵は、2020年のアメリカとカナダの社会を表現している。警察の残虐行為やコロナウイルスのパンデミックに対する恐怖で、世界は元気を失っているように思えた。こういった芸術的な取り組みにより、現代における朝食シリアルの重要性が強調されている。

絵画やその他の芸術作品からも、朝食シリアルに対するヨーロッパ人の高い関心が窺える。フランスの画家ジャン＝フランソワ・ミレーは、1861年に『ポリッジを冷ます』というエッチングを制作している。そこに描かれているのは、子どもに与える前にスプーンですくったポリッジに息を吹きかけて冷ます母親の姿だ。ミレーは写実主義運動の一翼を担った画家で、『落穂拾い』にはそれがもっとも明確に表れているが、彼の写実主義は白黒のポリッジのエッチングの細部にも見られる。ポリッジはここでは母子の絆の一部であるとともに、乳離れ後の栄養源でもある。

ヨーロッパの他の地域では、スウェーデンのもっとも有名な画家、カール・ラーションも、19世紀の水彩画にポリッジが登場する家庭の風景を描いている。1896年の作品、『白樺の木陰での朝食』には、ラーション一家が一緒に朝食を取る様子が描かれている。飼い犬も含めた一家の姿に隠れて、テーブルの上の食べものは見えない。しかし一番幼い女の子（画

カール・ラーション『白樺の木陰での朝食』。画集『私の家』(1896年)より、水彩。

家の娘、ブリタと思われる)がシリアルのスプーンを持ってこちらを振り返っている。赤、青、緑、中間色で彩られた穏やかな光景は、ラーションがスウェーデンのアーツ・アンド・クラフト運動の一翼を担い、家庭生活と調和に焦点を当てていたことの表れだ。ここでも、家族で分け合う朝食のポリッジは、家庭生活のほっとする場面のひとつだ。このようなイメージのなかでは、さまざまなポリッジが朝食シリアルとして、さらにはコンフォートフード［食べた者に幸福感や安心感を呼び起こす食べもの］として示されている。家族や友人と滋養に満ちた食事をするほど心休まることはないだろう。

テレビでは、『ポリッジ』というドラ

木製の蓋つき容器。19世紀。

マが、1974年にイギリスで放映された。「ポリッジ」とは、19世紀から20世紀にかけてイギリスの刑務所で質素な朝食が出されていたことから生まれた、刑務所を指すスラングだ。刑務所を舞台に、常習犯のノーマン・スタンリー・フレッチャーが主人公を務める。このドラマは刑務所が舞台であるにもかかわらず、比較的のんきなコメディだ。複数の特番や映画化に加え、2017年には主人公の孫に焦点を当てた新シリーズも作られた。しかしこの人気番組は、イギリス以外ではヒットしなかったようだ。実際、他の国々もこの番組のリメイクを試みたが、オリジナルのイギリスのコメディほどにはうまくいっていない。

シリアルに焦点を当てたアフリカの視覚芸術作品のひとつに、19世紀のングニ族のポリッジの蓋つき容器と思われるものがある。ひとつの木をくりぬいて作った本体と、別に蓋がある。表面には複雑な模様が施され、世界でもっとも元気の出る食べものを運ぶための実用的な壺であるとともに、芸術作品であった可能性も高い。実際、容器の形は、台、脚、取っ手、中央をぐるりとまわる帯など、芸術的な上部構造からなっている。容器全体に細い線模様が施されているのは、布を織るさまを表しているのかもしれない。温かい朝食シリアルとして食べるのであれ、ほかのどのタイミングで食べるのであれ、ポリッジはングニ族にとって、芸術作品の題材になるほど重要なものだったのだ。

◉祭り

アメリカやカナダでは、農産物品評会や収穫祭が文化において重要な位置を占めてきた。アメリカでは、近代朝食シリアル発祥の地であるミシガン州バトルクリークで、地元の朝食シリアル会社であるケロッグとポストがスポンサーとなって、毎年全米シリアル祭りが開催されている。祭りのイベントやアクティビティがケロッグ・アリーナで行われ、市内をパレードが練り歩き、露店その他の楽しい催しが行われる。毎年、ミシガン州の夏の季節に祭りを催すことによって、バトルクリークはその朝食シリアルの名声を利用した地域興しを図っている。

感謝祭は豊かな実りに感謝する祭りだが、カボチャや豆類に加え、在来種のトウモロコシが重視される。収穫期で農作物の豊かな秋になると、アメリカでは11月末、カナダでは10月半ばに感謝祭が催され、家族や友人が集まって収獲を祝い感謝を捧げる。集まるのは普通は朝食ではなく昼食か夕食だが、この地域を象徴するポリッジの食材は、こういった祝宴によく登場する。

朝食シリアルの祭りは、ヨーロッパ各地で盛んに行われている。スコットランドでは、毎年ポリッジの祭典、「金のへら世界ポリッジ作り選手権」が開催される。これはスコットランドでオーツ麦のポリッジをかき混ぜるのに使う木製の台所器具にちなんでつけられた名だ。オーツ麦のポリッジのできばえを競う大会で、その名のとおり、賞品は金のへらだ。この祭典は1994年に始まり、この地域に観光客を呼び込むきっかけになっている。また、10月10日は世界ポリッジデーで、地元のフードバンクや他の慈善団体ともつながりがある。

一方、中国にはコンギーを食べる祭り、臘八節（ろうはちせつ）（旧暦12月8日）があり、この日、人々は米、豆、果物、木の実で作った「八宝粥」を食べるために朝、寺院に列を作る。これらの材

著者の作った八宝粥（臘八粥）。2021年。

料は象徴的かつ機能的だ。冬の終わりに残っている食べもの、つまり穀物、ドライフルーツ、木の実といった、もっとも栄養価の高い、基本的な食材なのだ。これらを加えて、滋味豊かなコンギーを作る。この祭りは、紀元前5世紀頃、釈迦が35歳で悟りを開いたことに始まる。釈迦は飢えをしのぎながら悟りを開こうとしていたが、飢えが自分の求める道ではないと悟った。そのとき、若い女性が彼に質素なコンギーを差し出してくれたため、彼はそれを感謝しながら食べた。この故事に倣い、中国の人々はもちろん旅行者も、朝早くから並んで、この食べ応えのあるコンギーを朝食に食べて祝うのだ。

同様にトルコでは、多くの家庭がアシュレを作って、アシュラの日を祝う。これは大麦、ヒヨコマメ、白インゲンマメ、ドライフルーツ、ナッツ、スパイスで作るポリッジだ。このポリッジの由来は、ノアの方舟伝説にある。旅が終わりに近づいたとき、ノアの家族は船に積んでいた残り少ない食材をすべて使ってアシュレを作り、アララト山の出現を祝ったという。今日、このポリッジは、1日を通して友人や近所の人々と分け合う祝いの食べものとなっている。

●他の文化的な産物

2013年、ニューヨークのフード・アンド・ドリンク博物館では、最初の展示のひとつとして、「ブーン！　パフィングガンと朝食シリアルの始まり」という企画展を催した。博物館は朝食シリアルの背後にあるテクノロジー、とくにキックス、チェリオス、コーンポップといった有力なシリアルで産業を文字通り形成することにとくに大きく貢献したパフィングガンの実演を行ったのである。この展示は、1904年にミズーリ州で開催されたセントルイス万国博覧会で、アレクサンダー・アンダーソンが、アメリカン・シリアル・カンパニー（クエーカーオーツ・カンパニー）のために、見物人の前で初めて米をパフにして驚かせたことの再現だ。

2007年、ウィータビックスはイギリスのウィータビックス・グロワーズ・グループとともに、地元の農場で干し草の塊を使ってウィータビックスの彫刻を作るというコンテストを開催した。参加者の作品には、ボウルに入ったウィータビックスを食べるクマ、ウィータビックスの箱を抱えた人気キャラクターのウォレスとグルミット、ウィータビックスの巨大な箱を引っ張るトラクターなどがあった。コンテストの狙いは、この企業が工場の周囲80キロ圏内から原料の穀物を調達していることをアピールするためでもあった。コンテストによって、社のプラスの側面が強調されるとともに、地元地域に斬新さを印象づけることもできた。

ユネスコは2010年、「人類の無形文化遺産の代表リスト」にメキシコ料理を登録した。トウモロコシ、豆、チリの3つの食材、伝統的な農業技術、アルカリ溶液でトウモロコシを処理する「ニシュタマリゼーション」の加工技術や、11月1日のディア・デ・ロス・ムエルトス（死者の日）の祭りの供えものに見られる食の文化的象徴性などが評価されたためである。正確にはトウモロコシの収穫祭ではないが、メキシコの「死者の日」には、伝統的にアトーレを飲む。これはスパイスを入れたトウモロコシのポリッジで、飲みものとして扱われる。アトーレの材料はトウモロコシ粉（挽き割りトウモロコシの粉）、水、砂糖、シナモンで、好みによりバニラ、チョコレートその他のスパイスが加えられる。11月1日のような秋の宵に飲まれる、温かくて濃厚な飲みものだ。トウモロコシは人間の文明が始まって以来、基盤となった穀物のひとつで、現在のメキシコで発展し栽培された。ポリッジという形になったこの穀物がメキシコ文化においてどれほど重要であるかは、どれほど力説してもし過ぎることはない。さまざまなトウモロコシのポリッジは、メキシコの朝食においてのみならず、その文化全体におけるトウモロコシの重要性を示している。

ンシマと呼ばれるトウモロコシのポリッジは、マラウイの伝統食として、2017年にユネスコ無形文化遺産に登録された。この濃厚なポリッジは、パップ、フフ（綴りもさまざまだ）、ミエリエパップ、サザ、ウガリなど、さまざまな地域名でも呼ばれる。このポリッジの調理法は特殊で、世代から世代へと受け継がれてきた。ンシマを搗くことは、その伝統的な生活様式と結びついている。継続的に作り続けられ、地域の祭りで供されるといった形でコミュニティによって守られてきた知識なのだ。ンシマは主食として、昼食の炭水化物として、夕食には肉やその他のおかずを添えたりして食べるが、とくに朝食としては温めてポリッジとして食される。

パップといえば、2015年に南アフリカで、ンワビサ・ムダ、テムベ・マーラバ、ボンゲカ・マサンゴの3人がパップ・カルチャーというYouTubeチャンネルを立ち上

フフを搗いているところ。2020年。

げている。これは2020年代初頭に100万回以上再生され、1万人以上がチャンネル登録し、さまざまなコメントが寄せられた。この娯楽チャンネルは毎週水曜日、南アフリカの若者にとって重要な問題に焦点を当てた新しいエピソードを公開している。彼らの目標は、YouTubeのページでも述べられているように、視聴者に「良質の笑いを長く届け続けること」と「若者にとって重要な問題についての対話を広げること」だ。南アフリカの文化、とくに若者に焦点を当てたチャンネルが、その名前に国民的なポリッジを使うのは、まさに打ってつけだと言えよう。

第6章　朝食シリアルの未来

多くの点で、朝食シリアルは典型的な加工食品だ。4セント分のトウモロコシ（もしくは他の安価な穀物）が4ドルの加工食品に姿を変える。なんという錬金術だ！

——マイケル・ポーラン『雑食動物のジレンマ　ある4つの食事の自然史』（ラッセル秀子訳。東洋経済新報社）

朝食シリアルには卓越した、長く驚くべき歴史がある。ゆえに、その未来を想像してみることも興味深い。シリアルにはさらなる機能性が加わり、もっとおいしく健康的なフレーバーの商品が生まれるのだろうか。冷たい朝食シリアルには伝統的な、ほぼノーブランドのポリッジとは異なる前途があるのだろうか。加工食品に対するマイケル・ポーランの攻撃は、ディストピア的とも言っていいほどで、インスタントシリアルの「錬金術」に注意深く照準を合わせている。ジャーナリスティックというよりはフィクショナルな、未来の朝食シリアルに対するディストピア的な考えは、しばしばインスタントに対抗するものとして、栄養豊かで機能的なポリッジに行き着く。こういったネオ・ポリッジは風味に欠けるが基本的な栄養素を含み、黙示録後のコミュニティの健康を維持することができる。古代ローマの剣闘士やエジプトの労働者、さらには歴史上の無数の人々を養ってきたポリッジの原型を再現したもので、ジョン・ハーヴェイ・ケロッグの消化によい朝食シリアルの発明を模倣したものでもある。こういったネオ・ポリッジが登場するSFには、映画『マトリックス』（1999年）やゾンビ小説『ゾーン・ワン *Zone One*』（2011年）がある。そしてもちろん、人体を原料とした、象徴的な栄養たっぷりのポリッジが登場する映画『ソイレント・グリーン』（1973年）もそのひとつだ。ディストピア的な物語はさておき、朝食シリアルの未来をただひとつだけ想像するのは不可能だ。むしろ、近年始まったあるトレンドをベースにした、いくつもの未来がありうるだろう。

朝食シリアルの会社は、20世紀の大半を、そのパッケージ食品から多大な利益を得ることに費やしてきた。しかし21世紀の朝食シリアル市場では、すべてが安泰というわけではない。器にシリアルと牛乳を入れ、食べ、あとかたづけするのにかかる時間すら惜しいとする新しい流れが起きている。現代人の生活はますます多忙を極め、朝食に時間をかけることすら惜しくなっているのだ。世界中の忙しい家庭が、文字通りほぼ走りながらでも食べられる朝食を探し求めている。

朝食シリアル会社はもちろん、消費者の新たな要望をかなえるべく、新製品で対応してきた。グラノーラバーやミューズリーバー（オリジナルのミューズリーをもっとシンプルにしたもの）と呼ばれる朝食用のシリアルバーを開発したのも、朝食シリアル会社が現代社会の動きについていこうとしているひとつの表れである。さらに、シリアルバーは食間や食卓以外の場所で食べる便利なスナックとしても役立っている。その利便性は、こういった商品が好まれる大きな要因だ。残念なことに、朝食シリアルバーは菓子のように砂糖がたっぷり使われていることが多く、せっかく「全粒粉」が使われていても、他の健康的とはいえない添加物によって効果が台無しになっている。また、グラノーラやミューズリーのバーは、他のインスタント朝食シリアルと同じように、ビタミンとミネラルが必ずしも強化されているわけではない。それにもかかわらず、食品会社のあいだでシリアルバーはトレンドになっており、大手朝食シリアル会社はそれぞれシリアルバーの専用ラインを持っている。このトレンドは、今後ますます拡大していくことだろう。

食料品店やスーパーマーケットでは、グラノーラバーやミューズリーバーは他の箱入り朝食シリアルと同じ売り場に並べられている。ケロッグ社はスペシャルKやカシ・プロテインのバー、さらにはライスクリスピー、アップルジャック、コーンポップといった砂糖入りシリアルで作った「スナックバー」を販売している。ゼネラル・ミルズはネイチャーバレーというグラノーラバーを、クエーカーオーツはクエーカーチューイというグラノーラバーを販売している。世界的には、ネスレがアンクルトビーというミューズリーバーを出している。興味深いことに、ポスト社はそのもっとも知名度の高いシリアルブランドに対応するグラノーラやミューズリーのバーを開発していない。一方、いくつかの小規模ブランドの会社も、栄養補助型のシリアルバーを出している。栄養補助のためのバーや食品を専門に扱うクリフバー・カンパニーは、クエーカーオーツからの買収提案を拒否した。社の

クローズアップされるグラノーラバー。

ウェブサイトによると、彼らは今や国際化に乗り出し、２００７年にはイギリスにも市場を広げたという。いずれにせよ、こういった商品は、冷たい朝食シリアルのように簡単な食事さえ用意する時間のない忙しい人のための選択肢だ。

他の便利な朝食食品の台頭を考えると、シリアルはもはや市場を支配しているとは言えないだろう。朝食シリアルの会社は、21世紀に適応しようと苦闘している。そのひとつが、世界のまだ未開拓の地域、とくにアジア太平洋地域への市場拡大である。北米とヨーロッパが21世紀の最初の四半世紀に朝食シリアルの主要な市場であることに変わりはない。しかし、たとえば台北といったアジア太平洋地域の大都市のスーパーマーケットに行けば、そこにもシリアルの売り場があるのを目にし、マスコットやフレーバーの組み合わせ、言語の違いに気づくだろう。アジア太平洋地域はすべての企業が参入しようと躍起になるほどの大きな市場なのだ。これは朝食シリアルの会社に限ったことではない。しかし、こういった地域では、もっと風味豊かな朝食、米やしょうゆや魚その他の肉からなる伝統的な料理を食べる人が多い。世界の人口の半分の人々に、朝食に選ぶ食べものを完全に変えるよう説得するのはとても難しいことが証明されている。しかし、朝食シリアル企業はこの非常に大きな市場に対し積極的に売り込みをかけており、アジア太平洋地域の未来の朝食は今後数年でますます欧米化するかもしれない。

台湾のシリアル売り場。漢字が書かれた商品もある。

朝食シリアル業界が市場シェアを拡大するためにおこなっているもうひとつの戦略は、朝以外の時間帯にもシリアルを食べてもらうよう促すことだ。たとえば大学生は、シリアルを1日のどんな時間にも食べるようになってきている。シリアルにはビタミンや全粒粉が含まれ、牛乳を加えればタンパク質も取れる。忙しい学生にとって、これは悪い食事の選択とは言い切れない。そのため、しだいに大学のカフェテリアではインスタントの朝食シリアルを、決まった食事の時間帯に限らず、牛乳とともにビュッフェに置くところが増えている。忙しい学生にとって、これは比較的健康的なおやつ、あるいは食事代わりになるのだ。さらに、こういった学生たちはシリアルを、たとえば忙しい社会人になっても、夕食に食べ続けるかもしれない。このように朝食の食品は、歴史的にポリッジがそうであったように、1日のどの時間にも食べられる食事に再びなるだろう。

朝食シリアルの初期の開発者たちは、栄養科学をある程度理解したうえで、食品を加工して消化によいものにしたいと考えていた。しかし現代の栄養学者たちは、食品を食べやすくしてカロリーの吸収を早くすることが、アメリカや世界中で肥満が蔓延していることの大きな原因だとしている。アメリカ疾病管理センターによると、アメリカの子どもの5人にひとりが肥満だという。世界保健機関は、1975年から2016年にかけて、子どもの肥満と体重過多が世界で4パーセントから18パーセントに増加したとして、世界規模でこのデー

ライスクリスピートリート。朝食シリアルはおいしいデザートにもなる。

タを裏づけている。実際、サハラ砂漠以南のアフリカとアジアを除く世界の地域で、体重過多の人が体重不足の人を上回っている。発展途上国では食事が欧米化するにつれ、欧米型疾患の罹患率も高くなっている。アメリカ農務省の2020年から25年の食生活ガイドラインによると、アメリカ人の食事における糖分のおもな摂取源のひとつは、甘みをつけた朝食シリアルだという。これはデザートや菓子類やスナックとともにリストに掲載されている。この例では、朝食シリアルはバランスのとれた食事には明らかに見えない。アメリカ農務省の当然とも言えるお勧めは、全粒粉を使った低糖のインスタントシリアルを選ぶことだ。アメリカ農務省は、全粒粉の食品は一般的に推奨レベルよりも消費量が低いと指摘している。全粒穀物の消費量は少ないのに、精製された穀物の消費量が多いので、全体的に穀物の消費量が過剰になっている。インスタントの朝食シリアルは、オートミールのようなポリッジも含め、合衆国では子どもと若者にとっての主要な全粒穀物摂取源だ。こういった推奨事項は幼児から成人までを対象としている[1]。

さらに、20世紀を通じて言われてきたような、冷たい朝食シリアルの機能性食品としての側面、つまりシリアルには補助栄養素があり優れた食品だという考え方を強調することへの懸念も高まっている。ウォーレン・ベラスコは朝食シリアルを機能性食品とみなすことの危険性を指摘している。１９９９年、アメリカ食品製造業者協会は、微量栄養素の摂取を加工食品に頼りすぎることについて懸念を示した。ベラスコは報告書を引用して「含有物や製品の利点を確認する今日の研究は、明日には無効になったり、覆されたりするかもしれない」と述べている[2]。こういったことは、実際しばしば起こっている。流行の微量栄養素はつねにサプリメントで摂取できるように思われがちだが、その栄養素がどのように吸収され、人体のなかでどのように働くかについての知識が開発者に欠けている場合も多い。朝食であれ１日のどの時間帯であれ、果物や野菜や全粒穀物を多く取り入れた多様な食事がもっとも健康的であることは判明していて、矛盾がない。

グラノーラとヨーグルトのパフェ。

健康に関係することだけではない。2020年に朝食シリアルはアメリカで再び注目を浴びた。新型コロナウイルスによるパンデミックがもたらしたロックダウンやその他の混乱に世界が対処するなか、日用品や食料品の不足が相次いだ。不足したなかには納得できるものもあった。抗菌剤や掃除用品などだ。おそらく、この時期に食料品店の棚から消えた不可解な商品のひとつはポスト・グレープナッツだろう。地味だが郷愁を誘う朝食シリアルの需要が高まったこととコロナ対策による工場稼働率の低下が重なった結果、在庫が枯渇したのだ。消費者はあつかましい転売屋をむきになって探し出し、ネットで高値の商品を購入した。ジャーナリストたちは、なぜグレープナッツのような一見地味な食品の需要がパンデミックでこれほど高まったのかを必死に理解しようとした。2021年の春には品不足は解消され、ポスト・グレープナッツの親会社であるポスト・コンシューマー・ブランズは顧客の愛情と忍耐強さへの感謝の印として、クーポンや賞品を贈ることを社のサイトで発表した。(3)

2020年まで朝食シリアルは売上が悪化していたが、パンデミックで消費者が家で朝食を食べるようになり、ほっとする食べものを求めた結果、売り上げが伸びた。実際、ウィル・キース・ケロッグが1930年代の大恐慌時に発見したように、朝食シリアルは危機的な時期には売り上げが伸びる、というのは、この業界では昔から知られている事実だ。

そして、朝食シリアルの歴史は未来へと続く。資本主義や多国籍企業と深く結びついて「一

グレープナッツ。2020年に新型コロナウイルスの関係で品不足に陥った。

攫千金を狙う計画」は、インスタント朝食シリアルの歴史に深く根差した要素であり、その傾向は今も続いている。しかし、その歴史には当時の健康運動という崇高な目的や、食肉生産の急増や、その健康への影響に対する反発、個人と文化の向上への欲求、栄養科学といった要素も含まれている。皮肉なことに、ジョン・ハーヴェイ・ケロッグとそのライバルや信奉者たちは、栄養学をある程度理解し、食品を加工することで消化しやすくしようと考えたが、その考えは現代の栄養学者によって完全に否定されている。もちろん、こういった新たなインスタントの朝食シリアルが砂糖や精製度の高い小麦粉を大量に使用して製造されるやりかたを、ケロッグは決して認めなかっただろう。結局のところ、ケロッグとそのあとに続いた人々は（それ以前にポリッジを調理していた数百万の人々は言うまでもない）、どんな形であれ、朝食シリアルが姿を消すことはないと知って満足するだろう。快適さや全粒穀物、断食を終えて1日を始めるための「バランスのとれた」食事に対するニーズは、つねに変わることなく存在するのだ。

謝辞

リアクションブックスの編集者の方々に、本書のさまざまな段階で、親切かつ丁寧な対応をしていただいたことを感謝したい。アレックス・シオバヌ、スザンナ・ジェイズ、エイミー・ソルター、そしてとくにマイケル・リーマンとアンドリュー・スミスには、本書の初期の草稿に貴重な意見を寄せてくださったことを感謝する。また、ミシガン州立大学のスティーブン・O・マレー・アンド・キーラン・ホン・スペシャルコレクションの司書の皆さんにも感謝する。レスリー・M・ヴァン・ヴィーン・マクロバーツ、タッド・ベーマー、エド・ブッシュ、アンドレア・サラザー・マクミラン、ジェニー・ラッセル、ランドール・スコット、そしてとくにレスリー・ベーム、その他の図書館のスタッフの方々には、第2章のジョン・ハーヴェイ・ケロッグに関する作業に力を貸していただいた。ミズーリ工科大学の研究体験初年度にあったリリアン・アダムズには、初期草稿のための調査を大いに助けていただいた。さらに、2019年に台湾の高雄で開催された食品学コミュニティ会議と、シカゴで開催された中西部現代言語学会で、私の朝食シリアルについての研究を発表する機会を得られた。会議の参加者の方々は、私の研究に、飲食を取りながら、思慮深く、鋭い示唆を与えてくださった。本書の草稿を読んでくれた友人や家族にも感謝する。最後に、執筆中、私を楽しませてくれた（気を紛らわせてくれた?）3匹のネコたち、オズ、ミッシー、サミーに感謝する。

訳者あとがき

本書、『シリアルの歴史 *Breakfast Cereal: A Global History*』は、さまざまな食材や料理の歴史について読み解く「食」の図書館シリーズの一冊だ。イギリスのReaktion Booksから刊行されている原シリーズ（*The Edible Series*）は、2010年、料理やワインについての良書を選定するアンドレ・シモン賞の特別賞を受賞している。

辞書によれば、「シリアル *Cereal*」とは、穀物または穀物を加工した食品を指す。日本でシリアルといえば、コーンフレークやグラノーラといったインスタントのシリアルを思い浮かべる方も多いだろうが、本書で扱うのは、穀物あるいは挽き割り程度の加工を施した穀物を水や牛乳で煮て作る温かいポリッジと、牛乳に浸したり、あるいはそのままで食べたりできるインスタントのコールドシリアルの両方だ。ポリッジは日本語で「粥」と訳されることも多いが、外国では甘味をつけて食べることも多く（飲料やデザートとして扱われるものも多い）、日本人にとっての粥とはかなりイメージが異なるため、本書では日本と中国のものの一部を除き、ポリッジという言葉を使っている。

ポリッジとしてのシリアルの歴史は古く、穀物の栽培が始まった1万年にもおよぶ。世界の地域によってその気候や土壌に適した穀物が栽培され、それを材料としたさまざまなポリッジが地域ごとに食べられてきた。人間の文化が存在する場所にあまねく存在する、それがポリッジだ。材料こそ違えど、世界中で似たようなポリッジが食べられるようになったのは、ひとえにその調理の単純さゆえだろう。収獲し、貯蔵しておいた穀物をそのまま、あるいは挽き割りにして煮れば、いつでも滋養のあるポリッジが食べられるのだから。

それに比べれば、コールドシリアルの歴史は浅い。肉食の進んだ19世紀後半、食を通じて健康を回復させようとする運動からコールドシリアルは誕生した。肉類や刺激物を避け、野菜や全粒穀物をたっぷり取るなど、当時の健康食についての考えは、現代にも通じるものがある。現在では広く知られている腸内細菌にケロッグが注目していたのも驚きだ。さらにコールドシリアルはビタミンやミネラルといった栄養素を添加することによって、健康食品であることをアピールし、またたく間に世界中で食べられるようになった（もっとも、その後、過剰な砂糖の添加が問題視されるようになっている）。

日本でも１９６３年にシスコ製菓（現在の日清シスコ）がシスコーンを、日本ケロッグがコーンフレークを発売した。筆者は１９６１年生まれなので、子ども時代にさかんにテレビコマーシャルが流れていたこと、スーパーに行けばキャラクターの絵入りのシリアルの紙箱（現在は袋入りに変わっている）がずらりと並んでいたことを記憶している。本書でも紹介されているように、プラスチックの小さなおまけがついていたことや、箱の裏にちょっとしたお楽しみが書かれていたことも懐かしい。だが、当時の日本ではまだご飯に味噌汁という伝統的な和の朝食が食べられる傾向が強く、どちらかといえば朝食よりもおやつとして食べられることが多かったようである。その後、玄米フレークやブランの時代を経て、現在はグラノーラが主流だ。多忙な現代の生活のなかで朝食の時短化がますます求められるなか、簡単でしかも栄養補助食品としての側面も備えた朝食シリアルが今後どう変化していくのかは、非常に興味深い。

本書の刊行にあたっては、多くの方々にお世話になった。とくに本書を訳す機会を与えてくださった原書房編集部の中村剛さん、大西奈己さん、オフィススズキの鈴木由紀子さんに、この場を借りて心からの感謝を申し上げたい。

大山晶

2023年10月

キャスリン・コーネル・ドラン（Kathryn Cornell Dolan）
ミズーリ工科大学の英語・技術コミュニケーション学部准教授。西部開拓時代アメリカ文学、19世紀短編小説、文学と映画における食文化研究の講座で教鞭をとってきた。著書に『*Beyond the Fruited Plain*』（2014年）、『*Cattle Country*』（2021年）などがある。

大山晶（おおやま・あきら）
1961年生まれ。大阪外国語大学外国語学部ロシア語科卒業、翻訳家。おもな訳書に「食」の図書館シリーズの『バナナの歴史』『ハチミツの歴史』『ウオッカの歴史』、花と木の図書館シリーズの『サボテンの文化誌』『観葉植物の文化誌』、『こころを健康にする食事の科学』（以上、原書房）、『ナチスの戦争 1918-1949』『ナチの妻たち　第三帝国のファーストレディー』（以上、中央公論新社）などがある。

注

序章

1　Rachel Laudan, *Cuisine and Empire: Cooking in World History* (Berkeley, CA, 2013), p. 314.(『料理と帝国　食文化の世界史　紀元前２万年から現代まで』、ラッセル秀子訳、みすず書房)
2　Antonia Affinita 他 ., 'Breakfast: A Multidisciplinary Approach', *Italian Journal of Pediatrics*, XXXIX/44 (2013), pp. 1–3.

第１章 世界のポリッジ　温かい朝食シリアル

1　Catherine Zabinski, *Amber Waves: The Extraordinary Biography of Wheat, from Wild Grass to World Megacrop* (Chicago, IL, 2020), p. 62.
2　Andrew Dalby, *The Breakfast Book* (London, 2013), p. 25.（『朝食の歴史』、大山晶訳、原書房）
3　Heather Arndt Anderson, *Breakfast: A History* (New York, 2013), pp. 5–6.
4　Zabinski, *Amber Waves*, pp. 41–2.
5　Renee Marton, *Rice: A Global History* (London, 2014), pp. 30–35.（『コメの歴史』、龍和子訳、原書房）
6　しかし、栽培されるトウモロコシがすべて人間の食用になるわけではなく、世界で栽培されるトウモロコシの多くは家畜の飼料、あるいはアメリカではエタノールを製造するのに使われている。
7　Marton, *Rice*, p. 109.（『コメの歴史』、龍和子訳、原書房）
8　Adrian Recinos, *Popul Vuh: A Sacred Book of the Ancient Quiche Maya*, trans. Delia Goetz and Sylvanus G. Morley (Norman, OK, 1950), p. 167.（『マヤ神話　ポポル・ヴフ』、林屋永吉訳、中央公論新社）
9　Anderson, *Breakfast*, p. 34.
10　James C. McCann, *Stirring the Pot: A History of African Cuisine* (Columbus, oh, 2010), p. 204.
11　Anderson, *Breakfast*, p. 8.
12　Jane Austen, *Emma* [1815] (London, 1896), p. 88.（『エマ』、阿部知二訳、中央公論新社）

第２章　冷たい朝食シリアルの発明

1 Heather Arndt Anderson, *Breakfast: A History* (New York, 2013), p. 17.

2 Scott Bruce and Bill Crawford, *Cerealizing America: The Unsweetened Story of American Breakfast Cereal* (Winchester, ma, 1995), p. xiv.

3 Anderson, *Breakfast*, p. 21.

4 この情報の多くは、ミシガン州立大学（ＭＳＵ）アーカイブズ・アンド・ヒストリカル・コレクションズ、ボックス５の、ジョン・ハーヴェイ・ケロッグに関する原資料に基づいている。

5 John Harvey Kellogg, *Flaked Cereals and Process of Preparing Same*, U.S.558393a, United States Patent Office (Washington, DC, 1896), lines 72–7.

6 MSU JH ケロッグ原資料、ボックス 8.

7 Gerald Carson, *Cornflake Crusade* (New York, 1957), p. 162.

8 Bruce and Crawford, *Cerealizing America*, p. 38.

9 Anderson, *Breakfast*, p. 39.

第３章　19 世紀以降の世界の朝食シリアル

1 Frank Fayant, 'The Industry that Cooks the World's Breakfast', *Success Magazine*, VI/108 (1903), p. 281 参照 .

2 Gerald Carson, *Cornflake Crusade* (New York, 1957), p. 6.

3 Heather Arndt Anderson, *Breakfast: A History* (New York, 2013), p. 39; Paul Griminger, 'Casimir Funk: A Biographical Sketch (1884–1967)', *Journal of Nutrition*, CII/9 (1972), pp. 1105–13; S. Sugasawa, 'History of Japanese Natural Product Research', *Pure and Applied Chemistry*, IX/1 (1964), pp. 1–20.

4 Scott Bruce and Bill Crawford, *Cerealizing America: The Unsweetened Story of American Breakfast Cereal* (Winchester, MA, 1995), pp. 103–4.

5 www.sanitarium.com.au, www.weetbix.com.au and www.sanitarium.co.nz, 参照。2021 年 8 月 22 日にアクセス。

6 Bruce and Crawford, *Cerealizing America*, pp. 243–6.

7 Anderson, *Breakfast*, pp. 38–9.

8 J. K. Rowling, *Harry Potter and the Philosopher's Stone* (London, 1997), pp. 8, 36.（『ハリー・ポッターと賢者の石』、松岡佑子訳、静山社）

9 J. K. Rowling, *Harry Potter and the Chamber of Secrets* (London, 1998), p. 68.（『ハリー・ポッターと秘密の部屋』、松岡佑子訳、静山社）

10 Derek Oddy and Derek S. Miller, 'The Consumer Revolution', in *The Making of*

the Modern British Diet, ed. Derek Oddy and Derek S. Miller (London, 1976), p. 33.

第４章　マーケティングと朝食シリアル

1 Saki (H. H. Munro), 'Filboid Studge', in *Humor, Horror, and the Supernatural: 22 Stories by Saki* (New York, 1977), p. 50.（『フィルボイド・スタッジ』、『クローヴィス物語』所収、和爾桃子訳、白水社）

2 Scott Bruce and Bill Crawford, *Cerealizing America: The Unsweetened Story of American Breakfast Cereal* (Winchester, MA, 1995), p. 28.

3 Lynne Morioka, 'Go Back in Time with Retro Cereal Boxes', General Mills, http://blog.generalmills.com, 26 February 2014.

4 Bruce and Crawford, *Cerealizing America*, pp. 40–41.

5 www.ricekrispies.com, www.kelloggs.com, www.weetabixfoodcompany.co.uk, www.kelloggs.com.ar and www.nestle-cereals.com 参照、2021 年 10 月 21 日にアクセス。

6 Bruce and Crawford, *Cerealizing America*, p. 76; Heather Arndt Anderson, *Breakfast: A History* (New York, 2013), p. 23.

7 Bruce and Crawford, *Cerealizing America*, pp. 77–9.

8 同上 , p. 82.

9 同上 , p. 115. Julie Power, 'Soap Opera Ode to Joy propels Weet-Bix Push into China', *Sydney Morning Herald*, www.smh.com.au, 19 October 2016.

10 Bruce and Crawford, *Cerealizing America*, pp. 93–4; Anderson, *Breakfast*, pp. 181–2.

11 Anderson, *Breakfast*, p. 108.

12 同上、Adena Pinto 他 , 'Food and Beverage Advertising to Children and Adolescents on Television: A Baseline Study', *International Journal of Environmental Research and Public Health*, xvii/6 (2020), available at www.mdpi.com; Sally Mancini and Jennifer Harris, 'Policy Changes to Reduce Unhealthy Food and Beverage Marketing to Children in 2016 and 2017', *Rudd Brief*, April 2018, https://uconnruddcenter.org; 'Local School Wellness Policy', usda *Food and Nutrition Service*, 19 December 2019, www.fns.usda.gov. も参照。

13 Kevin Lynch, 'Record Trio for Dubai as City Tucks into the World's Largest Cereal Breakfast', Guinness World Records, www.guinnessworldrecords.com, 2 May 2013; Rachel Swatman, 'Cereal Brand Breaks Two World Records as Thousands Attend Group Breakfast in Lebanon', Guinness World Records, www.guinnessworldrecords.com, 12 October 2016; 'Honda Cereal Box', ads Archive, https://adsarchive.

com, 2020 年 4 月 15 日にアクセス、'The Controversial Breakfast Twitter Can't Swallow', bbc Food, www.bbc.co.uk, 2020 年 3 月 30 日にアクセス。

第５章　芸術と文化に登場した朝食シリアル

1 Jamaica Kincaid, 'Biography of a Dress', *Grand Street*, XI (1992), pp. 92–3.

2 Margaret Atwood, *MaddAddam* (Toronto, 2013), pp. 140–41; Margaret Atwood, *The Edible Woman* (Toronto, 1969), p. 4（『食べられる女』、大浦暁生訳、新潮社）; Margaret Atwood, 'Spotty-Handed Villainesses: Problems of Female Bad Behaviour', in *Curious Pursuits: Occasional Writing* (London, 2005), p. 173.

3 Liane Moriarty, *What Alice Forgot* (Sydney, 2009), p. 367; Liane Moriarty, *The Husband's Secret* (Sydney, 2013), p. 355.（『死後開封のこと』、和爾桃子訳、東京創元社）

4 Joel Barlow, 'The Hasty-Pudding' (1796), in *American Poetry: The Seventeenth and Eighteenth Centuries*, ed. David S. Shields (New York, 2007), p. 808.

5 Toni Morrison, *Song of Solomon* (New York, 1977), p. 283.（『ソロモンの歌』、金田眞澄訳、早川書房）

6 Pablo Neruda, *All the Odes: A Bilingual Edition*, ed. Ilan Stavans (New York, 2017), p. 407.

7 Cao Xueqin, *Hung Lo Meng; or, The Dream of the Red Chamber*, vol. I, trans. H. Bencraft Joly (Hong Kong, 1892), p. 200.（『紅楼夢』、伊藤漱平訳、平凡社）

8 Lisa Yannucci's version on www.mamalisa.com を英訳および歌の考察に参照、2021 年 11 月 15 日にアクセス。

第６章　朝食シリアルの未来

1 Centers for Disease Control and Prevention, 'Childhood Overweight and Obesity', www.cdc.gov, 2021 年 10 月 17 日にアクセス、World Health Organization, 'Obesity', www.who.int, accessed 17 October 2021; U.S. Department of Agriculture and u.s. Department of Health and Human Services, *Dietary Guidelines for Americans, 2020–2025*, 9th edn, December 2020, www.dietaryguidelines.gov, pp. 76, 103.

2 Warren Belasco, *Meals to Come: A History of the Future of Food* (Berkeley, CA, 2006), p. 255.

3 Love Is in the Bowl: Grape-Nuts Cereal Announces Updated Return Date', Post Consumer Brands, www.postconsumerbrands.com, 11 February 2021.

レシピ集

初期の朝食シリアルのレシピ

◉トウモロコシのポリッジ

イライザ・レスリー『ミス・レスリーの新しい料理書 Miss Leslie's New Cookery Book』(1857年)より

1. 新鮮なトウモロコシの粒を軸からはずす。
2. トウモロコシ500mlにつき、牛乳900mlを加える。
3. 2を鍋に入れ、よくかきまぜながらトウモロコシが完全に柔らかくなるまで煮る。
4. 小麦粉をまぶしたバターを加え、さらに5分ほど煮る。
5. 最後に卵黄4個を溶き入れ、3分ほど煮たら火からおろす。
6. 熱いまま食卓に運び、バターを混ぜる。砂糖やナツメグを加えてもよい。

…………………………………………

◉クエーカーの朝食ポリッジ

アメリカン・シリアル・カンパニー
『アメリカのシリアル食品とその調理法　America's Cereal Foods and How to Cook Them』(1894年)より。　https://lib.msu.edu

二重鍋を使用すれば、こげつく心配はない。ポットのお湯ではなく、必ず沸かしたてのお湯を使うこと。

1. クエーカーオーツの2倍量の水を用意し、塩を入れて味を整えておく。
2. 1を沸騰させてクエーカーオーツを入れ、だまにならないよう、また、均一に熱が回るよう、ゆっくりかき混ぜる。
3. 20分から30分沸騰させ、時間に余裕があるなら、さらに30分ほどことこと煮ると、風味が増す。
4. 二重鍋を使用する場合は、かき混ぜないこと。鍋には蓋をしておくこと。水の代わりに牛乳を使ってもよいし、好みで牛乳と水を半々にしてもよい。
5. 好みで砂糖とクリーム、またはシロップを添えて、熱いうちに供する。

…………………………………………

◉クエーカーブレッド

アメリカン・シリアル・カンパニー、『シリアル食品とその調理法 第4版 Cereal Foods and How to Cook Them, 4th edn 』(1880年頃)、「私たちは世界を養う」より

「クエーカーオーツ・ブレッド」1斤分

1. イースト半個を1.5カップの湯で溶き、1.5カップのふるった小麦粉に混ぜ、ひと晩置く。
2. クエーカーオーツ1カップに熱湯1カップ、砂糖大さじ2、塩ひとつまみを加える。

3. 2を1に加え、スプーンでかき混ぜられるくらいの固さになるまで小麦粉を入れて調節する。
4. ふんわりふくらむまで発酵させ、1時間焼く。

◉ビルヒャー・ミューズリー

マクシミリアン・ビルヒャー=ベンナー、『果物料理と生野菜　太陽光（ビタミン）食品 Fruit Dishes and Raw Vegetables: Sunlight (Vitamine) Food』（1930年）より引用、レジナルド・スネル訳（1985年）

押しオーツ麦…大さじ1（冷水大さじ3に12時間浸しておく）
加糖練乳とハチミツ…各大さじ1（どちらか一方でもよい）
レモン汁…大さじ $^1/_2$
リンゴ…大きいものなら1個、小さいものなら2個
ヘーゼルナッツかアーモンド…大さじ1（砕いておく）

1. 水に漬けておいたオーツ麦に、リンゴを皮つきのまますりおろして加える。
2. レモン汁を入れてかき混ぜる。
3. ナッツを加え、加糖練乳を注ぎ、その上にハチミツをかける。

◉オールドファッションド・グラノーラ

「クッキー・アンド・ケイト」https://cookieandkate.com　より引用。

昔ながらの押しオーツ麦…360g（カップ4）
生のナッツやシード（どちらか一方でもよい）…225g（カップ $1^1/_2$）
海塩…小さじ1
粉末シナモン…小さじ1
オリーブオイルまたはキャノーラ油またはココナッツオイル…120ml（カップ $^1/_2$）
メープルシロップまたはハチミツ…120ml（カップ $^1/_2$）
バニラエクストラクト…小さじ1
ドライフルーツ…160g（カップ1）

1. オーブンを180℃に予熱し、大きな天板にクッキングシートを敷いておく。
2. 大きなボウルにオーツ麦、ナッツ、シード、塩、シナモンを入れて混ぜる。
3. オイル、メープルシロップまたはハチミツ、バニラエクストラクトを2に加え、全体がなじむまでよく混ぜる。
4. 用意した天板に3を均等に広げ、途中でかき混ぜながら、きつね色になるまで20～25分焼く。
5. グラノーラは乾燥するにつれ、かりかり感が増す。十分に冷まして乾燥させる（最低でも45分）。
6. ドライフルーツを載せる。大きな塊があれば手で砕き、ぱらぱらにしたければ、スプーンでかき混ぜる。密閉容器に入れて1～2週間、冷凍すれば3か月保存できる。

◉スラップ・パップ（トウモロコシ粉のポリッジ）　パップの朝食版

マリエッティ・スワートとヤコ・スワートのレシピ、www.rainbowcooking.co.nz より引用。

スラップ・パップは朝食に牛乳と一緒に食べるトウモロコシ粉の滑らかなポリッジだ。砂糖とバターを少々加えて食べる。

トウモロコシ粉…125g（カップ 1）
水…1 リットル（カップ 4）
塩…小さじ 1
バター…大さじ 1

1. 鍋に水と塩を入れ、蓋をして沸騰させる。
2. 沸騰した湯にトウモロコシ粉を入れてかき混ぜ、蓋をして 30 分以上煮る。
3. バターを加え、好みで牛乳と砂糖またはハチミツを添えて供する。

……………………………………………

◉韓国のタクジュク

ヒョソン・バプサンのレシピ、www.korean-bapsang.com より引用。

このポリッジは朝食に食べても、または 1 日を通しておやつや軽食として食べてもおいしい。とくに冬の寒い日に打ってつけだ。

短粒米またはもち米…150g（カップ 1）
鶏ガラスープ…1.5 リットル（カップ 6）
ニンジン（中）…1 本
セロリの茎（中）…1 本
マッシュルーム…4 ～ 6 個
ゆで鶏（塩コショウ、ニンニクで味つけし、ゆでたものをむしっておく）…135g（カップ 1）
ゴマ油…大さじ 1 ～ 2
新たまねぎ（刻んでおく）…お好みで
ゴマ…お好みで

1. 米を 1 時間浸水させてから、水気を切る。野菜を刻む。
2. スープ鍋にゴマ油大さじ 1 ～ 2 を入れ、米を入れて中火で 3 ～ 5 分、米が半透明になるまで炒める。
3. 鍋にスープを入れて沸騰させ、ときどきかき混ぜながら、米に十分火が通るまで 20 ～ 25 分煮る。米が鍋底にこびりつかないよう注意する。
4. 野菜を加えてかき混ぜ、蓋をして、野菜がやわらかくなるまでさらに 10 ～ 15 分煮る。ポリッジの濃度は好みにより、スープか水で調節する。
5. 最後にゆで鶏（飾り用に少し残しておいてもよい）を加えてかき混ぜる。
6. 塩コショウで味を整え、飾りを載せて熱いうちに供する。

祝祭のための朝食シリアル

文化圏によっては、朝食シリアルがお祝いのポリッジやプディングとして用意

されることもある。次に挙げるふたつのレシピは、朝食にしてもよいし、他の食事のデザートにしてもよい。

●臘八粥（八宝粥）

マギー・ジュウのレシピ、https://omnivorescookbook.com より引用

もち米…150g（1カップ）
小豆、黒米または玄米を合わせて…100g（3/4カップ）
レーズン、ピーナツ、カシューナッツ、乾燥ナツメを合わせて…50g（1/3カップ）
ハスの実、松の実を合わせて…50g（1/3カップ）
ブラウンシュガー…75g（1/2カップ）
トッピング…乾燥リュウガンその他のドライフルーツ、またはナッツをお好みで

圧力鍋を使用する場合

1. 圧力鍋に砂糖以外の材料と水2リットル（8カップ）を入れ、高圧で25分加熱する。
2. 自然に減圧し（もち米が排気孔に詰まらないようにするために重要）、圧力が抜けたら好みの濃度になるまでかき混ぜ、好みで砂糖を加える。熱いうちに供する。

コンロを使用する場合

1. もち米、その他の米、ナッツ、小豆を大きなボウルに入れ、ひと晩水に浸す。調理前にしっかり水を切る。
2. 1と他の材料を大きな鍋に入れ、水2.5リットル（カップ10）を加える。
3. 強めの中火にかけ、沸騰させる。弱火にして蓋をし（蒸気が逃げるよう少しずらしておく）、さらっとした仕上がりにしたいなら40分、濃いめの仕上がりにしたいなら60分煮る。
4. 好みで砂糖を加えて混ぜ、熱いうちに供する。

…………………………………………

●アシュレ

エリザベス・タヴィログルのレシピ、www.thespruceeats.com から引用。

厳密には、このシリアルは朝食シリアルではなく、むしろデザートだ。ノアと方舟の住人たちが食べたと言われている。方舟で航海するうちに食料が不足してきたため、鍋にあらゆるものを入れて煮込んだ。その結果、この美味しいお祝いのシリアルができあがったという。

大麦または全粒小麦…400g（カップ2）、ひと晩水に浸したあと、水を切っておく
ひよこ豆の缶詰…300g（カップ1 1/2）または1缶、洗って水を切る
白いんげん豆…300g（カップ1 1/2）または1缶、洗って水を切る
生米…50g（カップ1/4）
ドライレーズン、サルタナレーズン、カランツ…大さじ3
松の実…大さじ3
ドライアプリコット（粗く刻んだもの）…95g（カップ1/2）

ドライイチジク（粗く刻んだもの）…95g（カップ 1/2）
アーモンド、クルミ、ピスタチオまたはピーナツ（粗く刻んだもの）…75g（カップ 1/2）
砂糖…440g（カップ 2）
シナモンスティック…1 本
オレンジの皮…1 個分
レモンの皮…1 個分
ローズウォーター（お好みで）…大さじ 1

1. ひよこ豆、白いんげん豆、米、ドライフルーツ、ナッツ、シナモン、砂糖、オレンジとレモンの皮、お好みでローズウォーターを、あらかじめ調理しておいた大麦などの穀物に加える。必要ならば、材料が隠れるくらいまで水を足す。
2. 1 を沸騰させ、ときどきかき混ぜながら、とろみがつくまで 20 分ほど煮る。
3. 火からおろし、めいめいの器、または大きめのボウルひとつに入れ、蓋をして数時間冷蔵庫で冷やす。
4. 松の実やピスタチオ、刻んだドライフルーツなどをお好みで添えて供する。

スイーツのレシピ、デザート

インスタントの朝食シリアルは、朝一番に食べられる健康食品としてスタートした。しかし、きれいに包装され、大衆向けに販売されるようになると、甘みがつけられ、デザートのような甘い食べものと結びつけられるようになった。それゆえ、デザート食品とのつながりは、冷たい朝食シリアルそのものの歴史とほとんど同じくらい確立されている。以下に、世界中の朝食シリアルを使ったスイーツの代表的なものを挙げておく。

◉焼きリンゴのグレープナッツ添え

『簡単に作れる栄養価の高いレシピ Recipes: Highly Nutritious Dishes Easy to Make』ポスタム・シリアル・カンパニー、（1922 年）より、https://lib.msu.edu

グレープナッツまたはオールブランバッズなどのの小麦ブランのシリアル…大さじすり切り 6
リンゴ（青リンゴがおすすめ）…6 個
砂糖…150g（カップ 3/4）
水…120ml（カップ 1/2）
レモン…1 個（お好みで）

1. リンゴを洗って芯を取り、オーブン皿に並べ、芯を取り除いてできた穴にグレープナッツ、砂糖を詰め、レモン汁数滴をたらすか、リンゴにレモンの薄切りを 1 枚ずつ載せる。
2. オーブン皿に水を注ぎ、オーブンで弱火で焼く。
3. 焼けたら粉砂糖をふりかける。

…………………………………………

◉グレープナッツ・アイスクリーム（No.1）

『簡単に作れる栄養価の高いレシピ Recipes: Highly Nutritious Dishes Easy to Make』ポスタム・シリアル・カンパニー、（1922年）より、https://lib.msu.edu

グレープナッツまたはオールブランバッズなどのの小麦ブランのシリアル…120g（カップ1）
濃厚な生クリーム（乳脂肪分48パーセント）…950ml
砂糖…大さじすり切り4
アーモンドエクストラクト…小さじ1
バニラエクストラクト…小さじ1

1. 生クリーム470mlを二重鍋で沸騰させ、熱いうちにグレープナッツと砂糖を加え、よくかき混ぜる。
2. 冷めたら残りのクリームと香料を加える。
3. アイスクリームマシンの指示通りに作るか、あるいは冷凍庫に入れ、ときどきかき混ぜながら、通常3～4時間凍らせる。お好みでエクストラクトの代わりにシェリー酒大さじ1を加えてもよい。

…………………………………………

◉グレープナッツ・アイスクリーム（No.2）

『簡単に作れる栄養価の高いレシピ Recipes: Highly Nutritious Dishes Easy to Make』ポスタム・シリアル・カンパニー、（1922年）より、https://lib.msu.edu

1. バニラアイスクリームを作る。
2. アイスクリームが固まる寸前に、アイスクリーム3.75リットルに対し1カップの割合で、乾燥したグレープナッツを加える。こうすることで粒のかりかり感が残り、ナッツのような風味が加わったおいしいアイスクリームになる。

…………………………………………

◉ライスクリスピートリート

デブ・ペレルマンのレシピ、『スミッテン・キッチン』から引用。https://smittenkitchen.com

無塩バター…170g（カップ3/4）
ミニマシュマロ…285g
海塩…小さじ1/4
クリスピーライスシリアル…225g（カップ9）

1. 23×33センチの天板（または同等のもの）にバター（分量外）を塗る。
2. 大きな鍋にバターを入れ、弱めの中火で溶かす。よくかき混ぜて、鍋底をこそげるようにしてよくかき混ぜる。焦げやすいので注意すること。
3. バターが茶色くなり、ナッツのような香りがするようになったら火を止め、マシュマロを加え、滑らかになるまでかき混ぜる。
4. 塩とシリアルを入れてかき混ぜる。
5. 平鍋に手早く広げ、縁と角の部分を

しっかり押さえる。

6. 30分〜45分以上冷まし、四角くカットする。冷たくして、あるいは室温のままで供する。

……………………………………………

◉ウィートビックス・チョコチップクッキー

ヴァーニャ・インサルのレシピ、https://vjcooks.com より引用

無塩バター（柔らかくしておく）…150g（カップ$^{2}/_{3}$）
植物油…大さじ3
ブラウンシュガー…110g（カップ$^{1}/_{2}$）
シロップ（糖蜜またはメープルシロップ、お好みでアガベシロップでも可）…大さじ2
牛乳…60ml（カップ$^{1}/_{4}$）
中力粉または薄力粉…200g（カップ1$^{1}/_{2}$）
ベーキングパウダー…小さじ1
押しオーツ麦…50g（カップ$^{1}/_{2}$）
塩…小さじ$^{1}/_{4}$
ウィートビックス（ウィータビックスやシュレッドウィートでも可）…3個
チョコチップ…160g（カップ1）

1. オーブンを180℃に予熱し、天板にクッキングシートを敷いておく。
2. 大きめのボウルに柔らかくしたバター、植物油、ブラウンシュガー、シロップを入れて混ぜ合わせる。牛乳も加え、混ぜ合わせる。
3. 小麦粉とベーキングパウダーをふるい入れ、押しオーツ麦、塩、砕いたウィートビックスを加え、手で混ぜ合わせる。最後にチョコチップを加えて混ぜる。
4. 大さじを使って生地をすくい、天板に載せて少し平らにする。だいたい20枚くらいになる。
5. きつね色になるまで、8〜10分ほど焼く。
6. 網の上で冷ます。密封容器に入れて1週間は保存可能。

参考文献

Adichie, Chimamanda Ngozi, *Americanah* (New York, 2013)（『アメリカーナ』、くぼたのぞみ訳、河出書房新社）

Affinita, Antonia, et al., 'Breakfast: A Multidisciplinary Approach', *Italian Journal of Pediatrics*, XXXIX/44 (2013)

Anderson, Heather Arndt, *Breakfast: A History* (New York, 2013)

Atwood, Margaret, *The Edible Woman* (Toronto, 1969)（『食べられる女』、大浦暁生訳、新潮社）

—, *MaddAddam* (Toronto, 2013)

Austen, Jane, *Emma* (London, 1815)（『エマ』、阿部知二訳、中央公論新社）

Bauch, Nicholas, *A Geography of Digestion: Biotechnology and the Kellogg Cereal Enterprise* (Berkeley, CA, 2017)

Belasco, Warren, *Meals to Come: A History of the Future of Food* (Berkeley, CA, 2006)

Boyle, T. C., *The Road to Wellville* (New York, 1993)（『ケロッグ博士』、柳瀬尚紀訳、新潮社）

Bruce, Scott, and Bill Crawford, *Cerealizing America: The Unsweetened Story of American Breakfast Cereal* (Winchester, MA, 1995)

Carroll, Abigail, *Three Squares: The Invention of the American Meal* (New York, 2013)

Carson, Gerald, *Cornflake Crusade* (New York, 1957)

Clausi, Adolph S., Elmer W. Michael and Willard L. Vollink, *Breakfast Cereal Process*, U.S.3121637a, United States Patent Office (Washington, DC, 1964)

Collins, E.J.T., 'The "Consumer Revolution" and the Growth of Factory Foods: Changing Patterns of Bread and Cereal-Eating in Britain in the Twentieth Century', in *The Making of the Modern British Diet*, ed. D. S. Miller and D. J. Oddy (Totowa, NJ, 1976), pp. 26–43

Dalby, Andrew, *The Breakfast Book* (London, 2013)（『朝食の歴史』、大山晶訳、原書房）

Daly, Ed, *Cereal: Snap, Crackle, Pop Culture* (New York, 2011)

Deutsch, Ronald M., *The Nuts Among the Berries* (New York, 1961)

Fayant, Frank, 'The Industry that Cook's the World's Breakfast', *Success*, VI/108 (May 1903), pp. 281–3

Ferdman, Roberto A., 'The Most Popular Breakfast Cereals in America Today', *Washington Post*, www.washingtonpost.com, 18 March 2015

Fussell, Betty, *The Story of Corn: The Myths and History, the Culture and Agriculture, the Art and Science of America's Quintessential Crop* (New York, 1992)

Greenbaum, Hilary, and Dana Rubinstein, 'Who Made That Granola?', *New York Times Magazine*, www.nytimes.com/section/magazine, 23 March 2012

Hollis, Tim, *Part of a Complete Breakfast: Cereal Characters of the Baby Boom Era* (Gainesville, FL, 2012)

Jones, Michael Owen, *Corn: A Global History* (London, 2017)（『トウモロコシの歴史』、元村まゆ訳、原書房）

Kellogg, John Harvey, *Flaked Cereals and Process of Preparing Same*, U.S.558393a, United States Patent Office (Washington, DC, 1896)

Kincaid, Jamaica, 'Biography of a Dress', *Grand Street*, XI (1992), pp. 92–100

Landon, Amanda J., 'The "How" of the Three Sisters: The Origins of Agriculture in Mesoamerica and the Human Niche', *Nebraska Anthropologist*, XL (2008), pp. 110–24

Laudan, Rachel, *Cuisine and Empire: Cooking in World History* (Berkeley, CA, 2013)（『料理と帝国　食文化の世界史　紀元前２万年から現代まで』、ラッセル秀子訳、みすず書房）

McCann, James C., *Stirring the Pot: A History of African Cuisine* (Columbus, oh, 2010)

McGee, Harold, *On Food and Cooking* (New York, 1984)（『マギーキッチンサイエンス　食材から食卓まで』、香西みどり監訳、北山雅彦・北山薫訳、共立出版）

Markel, Howard, *The Kelloggs: The Battling Brothers of Battle Creek* (New York, 2017)

Marton, Renee, *Rice: A Global History* (London, 2014)（『コメの歴史』、龍和子訳、原書房）

Moriarty, Liane, *What Alice Forgot* (Sydney, 2009)

—, *The Husband's Secret* (Sydney, 2013)（『死後開封のこと』、和爾桃子訳、東京創元社）

Morrison, Toni, *Song of Solomon* (New York, 1977)（『ソロモンの歌』、金田眞澄訳、早川書房）

Neruda, Pablo, *All the Odes: A Bilingual Edition*, ed. Ilan Stavans (New York, 2017)

Pollan, Michael, *Omnivore's Dilemma* (New York, 2006)（『雑食動物のジレンマ』、ラッセル秀子訳、東洋経済新報社）

Recinos, Adrian, *Popul Vuh: A Sacred Book of the Ancient Quiche Maya*, trans. Delia Goetz and Sylvanus G. Morley (Norman, OK, 1950)

Rowling, J. K., *Harry Potter and the Philosopher's Stone* (London, 1997)（『ハリー・ポッターと賢者の石』、松岡佑子訳、静山社）

—, *Harry Potter and the Chamber of Secrets* (London, 1998)（『ハリー・ポッターと秘密の部屋』、松岡佑子訳、静山社）

Saki (H. H. Munro), *Humor, Horror, and the Supernatural: 22 Stories by Saki* (New York, 1977)

Smith, Andrew F., *Eating History: Thirty Turning Points in the Making of American Cuisine* (New York, 2009)

—, *Sugar* (London, 2015)（『砂糖の歴史』、手嶋由美子訳、原書房）

Snyder, Harry, and Charles Woods, 'Cereal Breakfast Foods', U.S. *Department of Agriculture Farmers' Bulletin*, no. 249, United States Department of Agriculture (Washington, DC, 1906)

Xueqin, Cao, *Hung Lo Meng, or, The Dream of the Red Chamber*, trans. H. Bencraft Joly (Hong Kong, 1892)（『紅楼夢』、伊藤漱平訳、平凡社）

Zabinski, Catherine, *Amber Waves: The Extraordinary Biography of Wheat, from Wild Grass to World Megacrop* (Chicago, IL, 2020)

写真ならびに図版への謝辞

著者と出版社は、図版の提供と掲載を許可してくれた関係者にお礼を申し上げる。

The author and publishers wish to thank the organizations and individuals listed below for authorizing reproduction of their work. Archive.org: p. 110; Bonhams: p. 10 (Public Domain); The Alan and Shirley Brocker Sliker Collection mss 314, Special Collections, Michigan State University Libraries: pp. 88 (https://lib.msu.edu/ sliker/object/226), 92 (https://lib.msu.edu/sliker/object/249), 95 (https://lib.msu.edu/sliker/object/2585), 100 (https://lib.msu.edu/ sliker/object/11427); Kathryn Cornell Dolan: pp. 37, 41, 63, 86, 127, 136, 138; Flickr: p. 74 (Matthew Paul Argall); www.hakes.com/ Auction/ ItemDetail/224092/force-cereal-box-panels-withsuperman: p. 97; The Historic American Cookbook Project, Michigan State University: p. 54; Rachel Hyland: p. 72 下 ; W. K. Kellogg Arabian Horse Library, Special Collections and Archives, University Library, California State Polytechnic University, Pomona: pp. 58, 79, 81 (all: collection no. 0015); Library of Congress, Washington, dc: pp. 45, 49, 61, 91, 116 ; Metropolitan Museum of Art, New York: pp. 23 (Rogers Fund, 1930), 27 (Gift of Norbert Schimmel, 1985), 24 (The Howard Mansfield Collection, Purchase, Rogers Fund, 1936), 121 (Gift of Theodore De Witt, 1923), 124 (Purchase, Anonymous, Richard, Ann, John, and James Solomon Families Foundation, Adam Lindemann and Amalia Dayan, and Herbert and Lenore Schorr Gifts, Rogers Fund, and funds from various donors, 2013); courtesy of Michigan State University Archives and Historical Collections: p. 53 (Box22n29); courtesy of the Missouri Historical Society: p. 52; Missouri History Museum: p. 77; Nationalmuseum, Stockholm: p. 123 (photo by Erik Cornelius); Wendy Norberg: pp. 11, 14, 47, 69, 72 上 , 76, 105, 140, 142, 144; Rijksmuseum, Amsterdam: pp. 24, 26, 31; Shutterstock: pp. 6 (NatalyaBond), 107 (Rachel Ko); Sotheby's New York: p. 12 (Public Domain); Wellcome Images: p. 8; Williard Library, Willard Historical Images: p. 56. The image on p. 20 of Łazienka Palace, Warsaw, is in the public domain: pl.pinterest. com. Glane23, the copyright holder of the image on p. 35 has published it online under conditions imposed by a Creative Commons Attribution-Share Alike 3.0 Unported License. daSupremo, the copyright holder of the image on p. 131, has published it online under conditions imposed by a Creative Commons Attribution-Share Alike 4.0 International License. The images on pp. 70 and 84 are published online in the public domain, authors unknown.

「食」の図書館

シリアルの歴史

●

2023年11月26日　第1刷

著者……………キャスリン・コーネル・ドラン
訳者……………大山 晶
装幀……………佐々木正見
発行者……………成瀬雅人
発行所……………株式会社原書房

〒160-0022 東京都新宿区新宿1-25-13
電話・代表 03(3354)0685
振替・00150-6-151594
http://www.harashobo.co.jp

印刷……………新灯印刷株式会社
製本……………東京美術紙工協業組合

ISBN 978-4-562-07354-2, Printed in Japan